金商道

The positive thinker sees the invisible, feels the intangible, and achieves the impossible.

惟正向思考者，能察於未見，感於無形，達於人所不能。 —— 佚名

企業の「成長の壁」を突破する改革 顧客起点の経営

客戶中心策略

經營最重要的是
盯住客戶、掌握客戶、讓客戶願意一再買單

西口一希 Kazuki Nishiguchi——著 方瑜——譯

推薦序　理解客戶，以客戶中心策略找出經營成長的解答

鉑澈行銷顧問策略長／劉奕酉

找到客戶，是創業初期最重要的事。

隨著企業規模的擴大，資訊傳遞和組織結構往往變得更為複雜，這時候經營管理的注意力自然會轉向更聚焦在組織內部的問題。另一方面，客戶在質與量上也趨於多樣化，企業也無法像一開始那樣去深入了解與回應單一客戶的行動與心理。

客戶的實際狀況，逐漸消失在經營管理的視線中。

西口一希認為，這就是經營管理的根本問題：對客戶理解的薄弱，導致未來突破成長的障礙。而對策也很簡單，讓客戶重新回到經營管理的中心就好。

說來簡單，但要做到、做好可一點都不容易。

過去我在企業擔任高階營運幕僚時，就深刻理解到客戶理解的重要性，還為此導入了客戶價值分析的戰情系統，目的就是為了掌握客戶的真實情況，在產品與經營上都能做出合理、即時的回應。

這也是多數頂尖企業持續深化與鞏固客戶關係的關鍵之一。

書中引用了管理大師彼得・杜拉克對於經營管理的重要觀點：「對於企業的定義只有一個，那

就是創造客戶。」

創造客戶是什麼意思？西口一希的理解，就是建立價值。具體來說，企業在產品上讓客戶感受到對自己的便益性，也發現了難以替代的獨特性，並且願意為產品支付對價、花費時間與使用勞力。

簡而言之，要站在客戶視角看待真實需求，而不是從企業角度推出自認為理想的產品。要做到這點，就需要持續理解客戶的心理和行動，然而藉此開拓與創造新的價值、新客戶的機會，讓企業得以持續成長。

客戶是誰？客戶願意為其支付的價值是什麼？客戶從自家產品發現價值的便益性與獨特性又是什麼？我們需要不斷自問這些問題來理解客戶心理、多樣性與變化。

以客戶為中心的經營策略，一切都歸結到為客戶創造價值。該如何落實呢？

西口一希建議在企業內搭建起三大架構，有助於經營管理與組織整體的意識再度集中到客戶：

一、透過客戶中心的經營架構，掌握客戶心理。

二、藉由客戶策略架構，掌握客戶多樣性。

三、運用客戶動力學架構，掌握客戶變化。

對於想要突破成長瓶頸的經營管理階層、行銷工作者來說，這些建議與提醒都是實用的。

當經營管理階層真正致力於客戶中心時，是由客戶主導經營管理；這時企業的目光也自然會聚焦在客戶心理、客戶多樣性與客戶變化，並持續深化其理解。

一方面透過產品開發，向客戶提供他們尚未注意到或還未追求的便益性與獨特性，持續創造價值；另一方面隨著開發並提案產品，根據客戶對於產品價值的評價進一步擴展業務，為企業成長注入更多動能，然後形成正向的向上循環。

這一切，都是基於經營管理對客戶理解的實踐。

推薦序　三架構深入理解客戶情境，為企業創造持續性競爭優勢

國立成功大學企管系教授兼系主任／周信輝

企業經營管理的目的，在於獲取能夠創造財務績效的持續性競爭優勢，並將競爭力轉換為成長力，為企業帶來繁榮永續發展的力道。這次我很榮幸能夠閱讀有著日本行銷策略首席顧問美譽的西口一希先生之大作《客戶中心策略》，讓我們可以深入理解並反思企業競爭優勢的根源。西口先生在過去三十年來，分別擔任日本P&G公司的品牌經理與行銷總監、樂敦製藥的行銷本部長，以及歐舒丹與SmartNews的執行董事，更於二〇一九年創立Strategy Partners顧問公司，已為超過兩百間企業的經營者與負責人，提供經營管理與投資上的諮詢服務；而這本書可說是集其豐富實務經驗的大成之作，是非常值得一讀的好書。

「客戶從經營觀點中消失了？」是貫穿本書的核心質問，也是要提醒所有企業經營者所需審視的關鍵課題。企業並非不清楚客戶對於其生存發展的重要性，但卻很容易在追逐競爭優勢的過程之中，陷入了試圖超越競爭對手的「產品至上」的思維之中，而忽略推出產品的目的，是要協助客戶解決其情境中的問題，而非打敗競爭對手。如作者所強調，產品或服務的價值，取決於客戶能否運用該產品來滿足自身的需求，創造屬於自己的使用價值（Value-in-Use）或情境價值（Value-in-Context）；例如某年長者有能力玩任天堂Wii來獲致娛樂或親情同樂目的，這也就是本書所主張的

「便益性」。企業在聚焦客戶便益性的同時，仍需面對市場上的競爭，因為其他廠商也致力於用類似或不同形式的產品，來爭取相同客戶群的認同，例如其他遊戲機、手機遊戲、象棋或家庭式卡拉ＯＫ等產品，都有機會可以滿足年長者想要獲得娛樂的需求。因此，企業如何塑造自身解決方案的「獨特性」，能在客戶所面臨的多種選項之中脫穎而出，是關乎企業競爭優勢獲取的另一項關鍵要素。但是，企業在試圖掌握「便益性」與「獨特性」時，仍需考量客戶所處環境裡的動態變化，適時地提供合宜的產品（解決方案），就如同滿足儲存需求的產品媒介，已從磁碟片、光碟片、記憶卡、硬碟演變至今日的雲端儲存，其中有的不是被淘汰就是陷入衰退之中。企業的營運唯有架構在以「客戶為中心」的基礎之上，才能確保其繁榮永續發展。

本書作者提出了三項架構，藉以落實客戶為中心的經營管理，分別為：「客戶中心的經營結構」、「客戶策略」，以及「客戶動力學」。體現這三項架構的關鍵在於，企業透過組織設計所安排的營運活動，是為了深入理解客戶的情境（含心理、多樣性與變化等層面），進而發展既能夠解決客戶情境痛點也能優於競爭選項的解決方案，在協助客戶創造其情境價值的同時，獲取公司所期望的價值，也就是透過客戶具體行動下的「客戶數×單次消費金額×消費頻率」所獲致的財務表現。為促進企業的價值獲取，作者亦建議經營者應審視客戶為中心的整體價值鏈（含間接顧客或終端使用者），而非僅關注直接客戶的需求。例如，生鮮商品供應商若能理解全聯顧客是因認同全聯的「買進美好生活」之價值主張而來消費，就能設計並開發符合美好生活概念的商品品項，在協助全聯獲益的同時，也為自己帶來更高的收益。

本人冀望此推薦序能引領讀者們進入以客戶為中心的經營管理思維，為公司創造持續性的競爭優勢。

前言　當客戶消失，業務便會停止成長

我自一九九〇年起投身企業界，在歷經P＆G與樂敦（ROTHO）製藥的行銷業務後，在日本歐舒丹（L'OCCITANE）擔任執行董事，並在日本與美國發展新聞閱讀APP的新創企業「SmartNews」擔任行銷執行董事。自二〇一九年起，我創立了提供經營管理諮詢與投資服務的Strategy Partners公司，為多元各樣的企業經營管理提供陪跑型支援服務。直至二〇二二年為止的三年之間，為超過兩百家企業的經營者或事業負責人提供諮詢服務，服務公司從製造商、郵購、網購、飲食店、溫泉旅宿等的獨立中小規模企業，到包含B2C、B2B經營型態在內的上市前新創企業，還有在東京證券交易所上市的大型公司與外資企業的日本子公司等。目前以一業種一家公司為原則，與二十五家公司簽訂契約執行經營管理諮詢與投資業務。

我提供了各式各樣的經營或投資諮詢，最初雖認為因應各別業界特性與企業有各自的課題，但在累積與企業對話並推動實際業務的過程中，我發現並終至堅信存在著超越業界或單一企業特性、根深柢固具有共通的經營管理問題。

此問題指的是「顧客從經營觀點中消失了」。即使業種與業務型態相異，在經營現場所發生的問題或狀況看似不同，但若追究根本原因，則可以把議題收斂在組織沒有充分了解客戶上。許多企業雖具有商品力與高度成長潛力，卻忽略了理解客戶才是經營的基幹所在。

各家公司雖然也都思考了經營的業務發展策略，但經常流於總括式的內容而缺乏重點，或者是類似於教科書定義的樣板文章。結果，即使將這些策略落地成具體的措施與步驟，與競爭對手間卻無法產生差異化效果，陷入同質化競爭。

相反地，經營者密切關注客戶，掌握目前銷售額與獲利究竟來自於什麼顧客的企業，即使是在新冠肺炎疫情過去三年間，業務仍持續穩步成長。只有管理階層了解顧客心理，並在進行自家公司的投資與經營活動時，始終以顧客為依歸決策的企業才能成長。我將這種管理方式命名為「客戶中心策略的經營管理」。

本書是為管理者提供的實用書。無論你從事何種產業類型，我提取了今後仍普遍且有效的思考方式，並統整為包含管理階層在內、組織內每個人都可理解與共享的知識形式。將穿插案例解說一系列框架及使用方法，在管理中推動客戶理解，並改革為客戶中心的管理。

案例分析不限於過去事例，也包含了現正進行的例子與全球案例的分析。我徵得以下企業同意，於書末收錄了新創公司Uzabase的經濟資訊平台「SPEEDA」和客戶策略平台「FORCAS」；三住公司（MISUMI）利用ＡＩ（人工智慧）技術的數位零件採購服務「meviy」，以及網路新創公司CyberAgent的「ABEMA」負責人的訪談，並解說牽動新創企業如Asoview、Life Is Tech、GrowthX等的發展策略和變遷。此外，傳統產業則介紹了保養品、溫泉旅宿等過去案例；全球案例則從客戶理解及創造價值的觀點，來解讀iPhone與亞馬遜（Amazon）的成長。

本書特別設計給在成長過程中，面對經營問題的中小企業經營者與成立新創事業的讀者，讓大家能夠從今天就開始實踐。

具體而言，我從三架構去掌握客戶心理、多樣性與變化，在經營管理上實際理解客戶。不籠統地視顧客為單一群體。此外，我主張不要盲目地將「本期銷售額要成長二〇％」等僅從企業觀點出發的目標，強加於工作現場而導致混亂，而是根據「什麼客戶會接受何種『價值』？」為一切的起點來制定管理策略。並且，基於為客戶提供「價值」來實現業務成長。

本書介紹的架構如同前述，是我參與規模與經營內容完全不同的管理諮詢過程中所建立的。無論是B2B或B2C、無論是何種行業或業務類型，本書內容的思維模式具備可複製性，能被廣泛地活用於實際工作中。

我嘗試解讀客戶從經營觀點中消失的狀態。我在與多位陷入困境的經營者交談的過程中，發現他們忽略了自家公司**產品（product，本書將事業主提供的所有商品、服務、經營內容稱之為產品）**所提供的「便益性」與客戶之間的關係。便益性指的是美味、方便、舒暢、解決某些痛點等，客戶實際獲得的利益或便利性。

除了便益性之外，產品還必須具備無法被取代的「獨特性」。向特定的客戶提案便益性與獨特性後，接著客戶首度從中發現價值，購買或利用才得以成立。

所謂便益性，換言之便是「客戶購買的理由」；獨特性則是「顧客不購買其他產品的理由」。

持續惠顧自家商品、服務的客戶，又或是透過訂閱制（subscription）長期購買的客戶，應該都是因為某種便益性而持續購買的。而且，這些客戶感受到產品的獨特性，所以不會轉向其他產品或脫離持續購買狀態。

銷售額或收益等財務數字雖然能夠呈現經營狀態，但僅透過財務數字無法掌握最初究竟是誰購買、為何購買產品。例如，無法得知客戶因何種需求或特徵，為了得到何種具體的「便益性」而購買自家產品。客戶看重自家產品的「獨特性」又是什麼。與競品相異的獨特性為何。由於無法了解客戶與產品之間的關係，無論業績好壞，都看不出下一步對策，難以維持獲利。

有時公司會透過經營管理諮詢處理組織結構議題或人力資源招募問題，即使看似銷售、商品開發、財務、製造、人力資源與行銷等各部門存在著各別議題，但審視這些問題卻會發現，實際上許多問題的起因都來自於「看不見客戶的實際狀況」，而這應被視為公司整體問題。本來公司的每一個決策都應該與為客戶創造價值聯繫，但在追溯單一決策的理由時，卻發現很多情況下的決策都只源於與客戶無關的商業習慣或僅反映企業內部狀況而已。這都會造成成本增加並導致獲利能力下降。

正如率領成功企業的經營者會親上業務現場、持續與客戶對話，大多情況可說是都能夠看見客戶的樣貌。但是，一旦銷售額增加、組織規模超越百人後，組織或經營者都逐漸遠離客戶了。

為何會落入此種狀況呢？這是因為伴隨著企業規模擴張，組織架構、人力資源、財務管理、銷售組織的擴大，對外談判溝通與協調等各式各樣的工作占據了時間與精力。因此，到目前為止清晰可見、有名有姓的真實客戶與自家公司產品之間的關係便消失了。

經營者轉而依靠執行董事與業務現場的調查報告，或是依賴財務數字的增減來理解客戶的行動，並視之為「組織管理」。在組織擴張的過程中，許多企業面臨縱向多層分工與決策速度遲緩，這就造成「大企業病」的開端。

背景之一也肇因於，日本市場從人口成長轉變為減少。人口減少同時也意味著潛在客戶減少。而數位化浪潮又以驚人的速度改變客戶的生活與價值觀，這導致為數減少的客戶變得更加難以捉摸。

因此，在此外在環境下，有必要找出可高度從自家產品發現價值的潛在客群，準確地觸及他們，提高潛在客層成為實際客戶的投資報酬率勢在必行。我們必須探究誰是能在自家產品中，發現高價值的潛在客群，持續提升自家產品的價值和客戶滿意度，並提高單次消費金額與購買頻率。我認為現在幾乎所有公司都面臨這樣的挑戰。為了能持續提高收益，深刻理解客戶不可或缺。

這對B2B的商業模式下也同樣重要。因為若順著B2B的業務軌跡去看，最終必然存在著「C」（customer，即客戶），也就是終端使用者（end user）。我們有必要順著價值鏈，探究自家客戶關注的客戶會對哪些價值產生共鳴，這些客戶的客戶又是何種樣貌。這也無非就是客戶理解。

那麼，始終致力於理解客戶並實現事業成長的企業，正採取哪些行動呢？在任何時代，銷售能夠成長的企業都有一個共通點，便是不斷強化產品的便益性與獨特性，即客戶眼中的「價值」，同時透過不斷開發具有便益性與獨特性的產品，為潛在客戶創造新「價值」。

客戶心理與行動並非固定不動，它們總是處於變化狀態。在管理上，常態性的即時掌握這些變化至關重要。昨天的客戶與今日的客戶不同，且明天的客戶又會產生變化。所謂的經營管理，就是理解我們眼前客戶的心理與行動，並加以充分運用。

前述的人口減少與客戶多樣化，皆是不可逆的趨勢。希望本書能夠幫助身處其中的讀者，持續為客戶尋找價值，並連結利潤與進一步的價值創造。

■本書結構

在序章中，我從多觀點解釋，導致經營越來越看不見客戶實際狀態的機制。

在第一章，我將闡述消失的客戶心理、多樣性與變化的重要性，同時說明客戶中心的定義，以及實現客戶中心經營管理的三架構與全貌輪廓。

在第二章，我以經營管理角度理解客戶為基礎，解說第一個架構「客戶中心的經營結構」。

第三章與第四章則為本書基礎篇。其中彙整了不論經營規模大小、不限B2C或B2B等不同業種，任何企業皆可活用的內容。在第三章中，介紹了將整體目標市場區分為五層的「五區間」（5 segments）分類法，並以五區間分類法為基礎來分析第二個架構「客戶策略」

（WHO&WHAT）。

在第四章，則說明將整體市場客戶視為動態、捕捉客戶變化的第三個架構「五區間顧客動力學」（5 segments customer dynamics）。

第五章是應用篇，介紹將五區間分類更進一步延伸的「九區間」（9 segments）分類法，以及其客戶動態「九區間顧客動力學」（9 segments customer dynamics）。由於本書設定的主要讀者為首次接觸五區間分類法者，所以在閱讀序章到第四章為止的基礎篇後，跳過第五章的應用篇，直接進入第六章也無妨。

在第六章中，我將針對可以從今天開始立刻執行三架構的具體用途，以及應當成目標的願景加以說明。

在最終章第七章中，則希望運用三架構的同時，加深讀者對著名管理學者彼得・杜拉克（Peter F. Drucker）理論的理解。

本書最後，收錄了作者與實踐客戶中心策略的三家公司／事業體的負責人對談紀錄。

序章

經營管理觀點忽略客戶的原因

第1章 客戶中心經營改革的總體概觀

第2章 將「顧客心理與行動」納入經營管理視角：掌握客戶心理

第3章 基礎篇
規畫產出收益的「客戶策略」：掌握客戶多樣性

第4章 基礎篇

持續提高收益的「客戶動力學」：掌握客戶變化

第6章

客戶中心的經營管理改革與願景

第7章 以客戶中心解讀彼得・杜拉克

對談

客戶中心經營管理的實踐

序章

經營管理觀點
忽略客戶的原因

在序章中，我將針對客戶自經營管理觀點中消失，
以及處於成長階段的企業陷入「大企業病」症狀的原因，
並配合時代背景加以說明。

昭和成長模式：透過大量生產，提升銷售額

我想應該沒有任何經營者會不認同「珍惜客戶」的想法。然而，單純口號式的提倡客戶中心，與我正在協助推動的客戶中心經營管理大相逕庭。很遺憾地，許多我見過、提到客戶觀點的經營者，他們只關注銷貨收入、收益等數字的財務報表，卻因缺乏客戶相關討論而苦惱於「經營成果不見起色」。

越是規模成長、擁有多項事業的企業，越不會去想像各別商品或服務的客戶行動或心理。在非預期之下，客戶的實際狀況便自經營的視線中消失了，**不知不覺客戶便離我們越來越遠了**。

客戶自經營管理觀點消失的問題，如同本書〈前言〉所述，其中一個原因是人口減少。為了理解現在我們為何必須投入理解客戶，我想簡單回顧自昭和、平成至令和時代的時代變遷。

在昭和時代（一九二九～一九八九年），人口逐年增加，不拘B2C或B2B，不論是哪個類別或市場的客戶數量都在不斷擴大。產品（商品或服務）開發後，只要擴大通路與提升知名度即可。大量雇用銷售人員、擴大通路，透過電視、新聞等大眾媒體提高產品知名度，憑藉人口增加的力道，銷貨收入與收益都會提升。

伴隨銷貨收入增加，為了降低銷貨成本，透過效率化大量生產，更進一步擴大通路與產品知名度。若日本國內的競爭對手增加，更進一步透過大量生產以抑制成本，則藉由拓展海外通路促進業

務成長。這就是昭和時代的成長模式。

人口減少與數位化的影響

在人口增加的時代，客戶人數增加、銷售額也隨之提高。這是理所當然的，因為不論是B2C或B2B的模式，銷售額都等於「**客戶數×單次消費金額×消費頻率**」。在昭和時代，上述計算式中的第一個變因即客戶數，隨著總人口數增加而自然提高，企業在銷售上的投資報酬率也提升了。

然而自一九九〇年代以降，日本國內人口成長停滯，在擴大通路與提高知名度的總體環境上也發生了重大變化。相關變化彙整如圖序-1。

網路登場分散了消費者的關注焦點，許多人在同一時間看相同電視廣告的狀況很難再發生。「圍坐在一起看電視」的家庭活動消失了。伴隨此種狀況，大眾廣告轉趨弱勢，客戶所見的資訊更加多樣化、細分化，結果導致客戶需求也更形多樣化。此外，超越國境與時間限制，如亞馬遜（Amazon）或樂天等的網路通路（電子商務）出現，取代既有的實體物理通路，支撐昭和時代經濟成長的銷售通路與知名度的橫向擴張模式不再無往不利。

而更進一步加速此種客戶多樣化、細分化的，則是自二〇〇六年以降的智慧型手機普及化。智慧型手機迅速地分化了世界。從智慧型手機登場十五年以上到現在，每個人掌握的資訊天差地遠，

圖序-1　終止昭和成長模式的人口減少與數位化

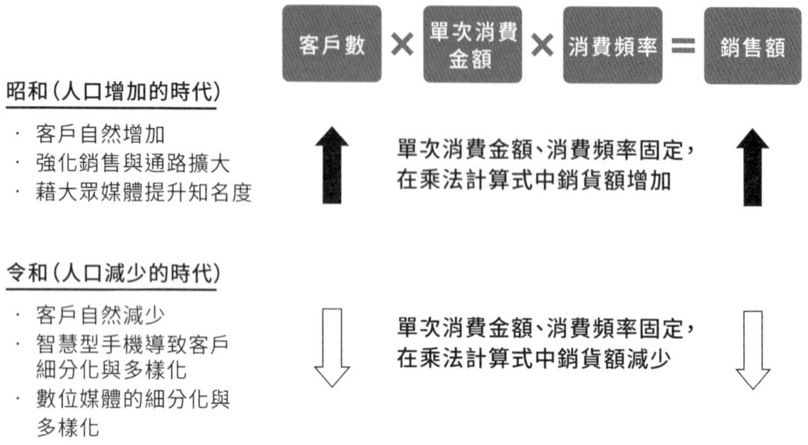

價值觀和需求也因人而存在極大差異，這使得整體市場變得異常複雜。

另一方面，針對此種情況，企業也開始面對許多數位工具與手段方法的提案。結果造成企業現場耗費許多時間在了解與數位技術與ＩＴ導入上，反而陷入更看不見本應見著近在眼前的客戶狀態。若第一線現場與客戶分道揚鑣，那麼管理階層與客戶的實際狀況更將漸行漸遠。無論哪種行業或業務型態，多數企業都面臨這種現象。

十年不變的經營課題：「提升獲利能力」

在人口成長停滯的日本市場，現在許多經營者被迫面臨改變。數位化，也就是數位轉型（digital transformation, DX）被視為當務之急，許多公司都為此引進顧問公司與相關系統。不過，也有大型公司致力推動數位轉型卻中途失敗的例子。在撰寫本書之際，據我所知，幾乎看不到數位轉型能夠如預期般帶來事業成長或開闢出新企業成長路徑的例子。

包含中小企業在內的許多公司都面臨問題，不知道下一步該做什麼才能讓企業成長。根據二〇二〇年日本管理協會（Japan Management Association, JMA），針對日本全國主要企業經營者的問卷調查顯示，**當前首位經營課題是「提升獲利能力」**，而在十年前的相同調查結果的第一名也同樣是「提升獲利能力」。此點在十年間沒有發生任何變化（圖序-2）。

圖序-2　十年不變的經營課題「提升獲利能力」

2010年

		（%）
第1名	**提升獲利能力**	**57.6**
第2名	提升銷售額、市場占有率（包含強化銷售能力）	55.9
第3名	強化人才（雇用、培育、多樣性因應）	37.0
第4名	新製品、新服務、新事業開發	21.4
第5名	加強技術能力	17.4
第6名	提升客戶滿意度	17.2
第7名	強化現場環境（提升安全、技能傳承等）	13.3
第8名	加強財務體質	13.0
第9名	提升品質（服務、商品）	13.0
第10名	全球化（全球化經營）	10.6

向4,000家公司發放問卷，其中632家公司回答問卷。複數選擇，統計前3名答案

資料來源：http://www.jma.or.jp/img/pdf-report.keieikadai_2010_report.pdf

2020年

		（%）
第1名	**提升獲利能力**	**45.1**
第2名	強化人才（雇用、培育、多樣性因應）	31.8
第3名	提升銷售額、市場占有率	30.8
第4名	強化、重建事業基礎、重建事業獲利組合	27.8
第5名	新製品、新服務、新事業開發	21.6
第6名	提升客戶滿意度	17.2
第7名	加強現場應對能力	15.0
第8名	強化財務體質	14.1
第9名	改善高成本體質	13.2
第10名	提升工作價值、從業人員滿意度、提高參與度	12.0

向5,000家公司發放問卷，其中532家公司回答問卷。複數選擇，統計前3名答案

資料來源：http://www.jma.or.jp/img/pdf-report.keieikadai_2020_report.pdf

經營策略的根本問題在於：客戶觀點缺席

所有企業皆以組織成長為目的，在執行某些相應策略。這些策略都是每個管理團隊深思和討論後定案的，但我從顧問角度立場旁觀各個行業公司時，它們卻驚人地相似。

我也曾遇過委託者表示：「雖然拜託了大型顧問公司或代理商，但進展還是不順利」，轉而交由我接手業務支援的狀況。我參閱了前手過去制定頁數厚重的策略建議書，看起來不僅結構詳盡、邏輯清晰，且內容呈現引人入勝。但是，在實際執行上卻過於概念化，同時缺乏對現場實務的理解，所以在客戶組織內部難以具體付諸實現。

在這種狀況下，我發現幾乎所有問題都出在「客戶理解」一開始就非常薄弱，而這本該是顧問公司提出建議的基礎。顧問公司提議的變革或行動以財務對策為重心，或者是在沒有明確、具體定義客戶為誰之下就制定了競爭合縱策略、手段方法、運作機制或流程變更。因此，這些行動的結果導致無法看出**何種客戶會在自家公司的產品中發現價值，並從而連動到銷售額與利潤**，所以流於過度概念化。而這些提案無法得到現場的共鳴，所以也無法付諸執行，徒留下厚重的提案建議書。

此處存在著大家都接受的經營策略的根本問題（圖序-3）。世界上有為數眾多的經營策略或戰略理論，許多著名的管理者大概都受其影響，我個人也學習過相關理論。雖然其中有許多理論是來自實際戰爭所發展而來，但原本戰爭就是為了遂行一國的意志與價值觀而強迫他國屈服。以達成此

圖序-3　經營策略的根本問題

以戰爭為基礎前提的戰略

目的

- 為了遂行本國意志，強迫他國屈服

商場上必要的戰略

目的

- 使客戶發現價值並贏得持續支持

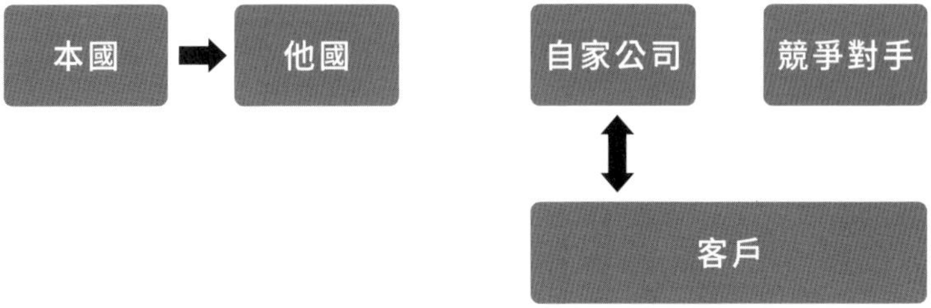

目的為基本前提，將戰而能勝或不戰而勝的方法套用到商場上，便是現有的經營策略或戰略理論。

而這裡最大的問題，便是企圖將戰爭的理論套用在商場上。商業運作並非戰爭。擬定商業策略的目的並不像國家戰事般，希望迫使競爭對手屈服，而是追求為客戶創造價值的最大化，贏得多數客戶滿意度與持續支持，並從中賺取對價。**我們應該納入思考觀點中的是客戶**。經營策略提案若是以敵人，也就是與競爭對手之間的戰爭為前提假設，在公司內部得不到認同也是理所當然。這其實是非常健康的反應。

管理階層面臨問題的共通特徵，不是缺乏對於競爭對手的理解，而是對於客戶理解薄弱與掌握客戶樣貌的解析度低下。

誰是自家公司產品的客戶？購買該產品的理由為何？是否有變心離開的客戶？為什麼他們會變心離開？未來可能得到的新客戶又是誰？……若你心中對這些問

題的答案仍然模糊不清，便難以擺脫管理決策上的困境。

所有企業都面臨的企業成長危機

哈佛商學院副教授拉里・格雷納博士（Dr. Larry Greiner）曾發表「企業成長有五階段，每個階段都有需要克服的危機」的著名論文❶。他發表這篇文章已過五十年，但他所討論的議題至今仍然沒有改變。我先簡單介紹論文內容。

根據該論文指出，所有企業自創業期起依據相應的組織規模（人數）可以分為以下五個成長階段（第36頁圖序-4）❷。

第一階段：創造力（creativity）成長與領導（leadership）危機

第二階段：命令（direction）成長與自主（autonomy）危機

第三階段：授權（delegation）成長與控制（control）危機

❶編按：此篇論文出自一九七二年《哈佛商業評論》（*Hardvard Business Review*）發表的〈隨組織成長而進化與革命〉（*Evolution and revolution as organizations grow*）。

❷譯註：格雷納的企業成長階段模型在一九七二年首度提出時原為五階段，在一九九八年時新增為六階段。

第四階段：協調（coordination）成長與僵化（red tape）危機
第五階段：合作（collaboration）成長與持續成長（growth）危機

在越過由創造力帶來成長的第一階段，也就是跨越由創業者展現壓倒性領導力帶領組織成長的階段；進入由命令引領組織成長的第二階段；接下來依序是由授權、協調帶動組織成長的階段；最後則是以合作驅動組織成長的階段。

每個不同的階段，因組織人數擴張與組織結構更加複雜，都會出現相對應的危機，在各別階段需要不同的管理對策。然而在現實中，有意見指出多數企業無法順利克服這些危機，而停滯在第二、三階段，舉步維艱。

對照我所知的經營管理實務，確實如格雷納博士指出，在組織成長的過程中，會產生資訊傳達與溝通劣化的情況。伴隨這些狀況，在企業成長過程中，對客戶理解的急速弱化，可視為主要問題（圖序-5）。

隨著組織規模擴大，資訊傳達與組織結構不可避免地將變得更複雜。為了解決此複雜性，**注意力轉向更為集中於組織內部**，而之前本應存在、對客戶的興趣與關注急速消失。無論是多麼優秀的創業者，在進入第二、三階段時，創業時原有、身處第一線的敏銳度，即對客戶的理解就變稀薄了。即使創業者期待管理階層或第一線工作人員能取代自己，負責原先擔任的客戶理解工作，但他

圖序-4　格雷納的企業成長模型（1972年）

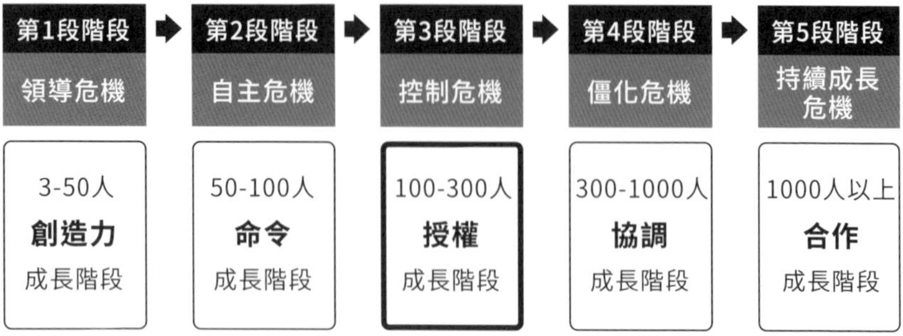

圖序-5　伴隨企業組織成長，急速失去客戶理解

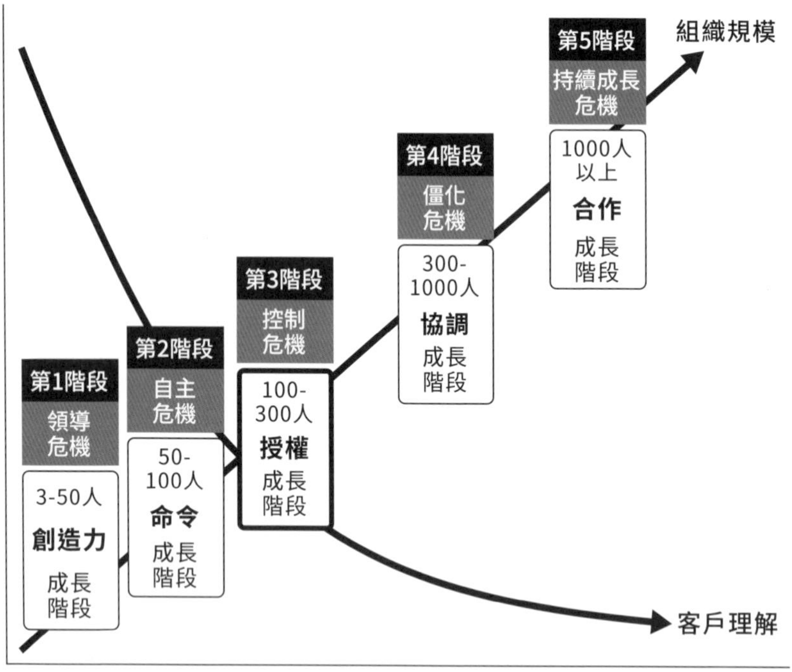

資料來源：以「格雷納的企業成長模型」為基礎，作者製圖

們卻忙於處理應付組織的複雜性，關注力始終是向內落在組織內部，導致整個組織都忽略了客戶理解的重要性，從而難以做出正確的管理決策判斷。

何謂「大企業病」？：客戶理解作為組織橫向串聯

我在傾聽不同成長階段的企業管理者諮詢時，最常出現的問題便是「大企業病」（圖序-6）。我覺得大家經常在思考組織擴大、業務細分化與各別最適化的起因與所造成種種問題的總稱時而提及此詞彙。

具體而言，大企業病可以代表經營管理與現場實務脫節、公司內部的垂直分工化❸。人力資源沒

❸譯註：因垂直分工造成上下游單位成為獨立孤島，彼此之間缺乏資訊交換或整合。

圖序-6　大企業病：關注力集中在組織內部

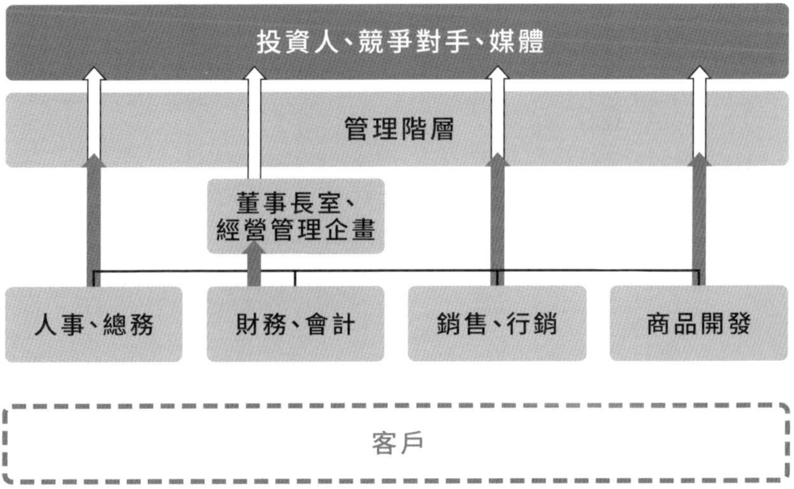

有成長與難以培養管理階級（無法按照自己的期待行事）、行銷能力薄弱等多種不同含意，但上述問題根源都在於「隨著組織規模擴大，組織本身與身處其中的個體都變得難以發揮或展現能力，組織需要某種改變」。此外，在同樣的脈絡下，也經常聽到「需要建立連貫組織的『橫向串聯』」的說法。

我認為，組織轉型需要哪些變革與何謂橫向串聯都已經不證自明了。那就是在**創業之初便已建立的客戶理解**。了解正在或接下來可能購買自家產品和服務的客戶是突破成長障礙的關鍵，也是團結組織的橫向串聯。被稱為「現代管理學之父」的杜拉克曾多次指出，組織整體對於「客戶是誰」的共識理解是克

圖序-7 「客戶理解相關調查」

		合計	外商企業	新創企業	日本企業
	樣本數	145	19	66	60
問題1	您是否定義了整個目標市場的客戶數量（市場占有率達到100%時的客戶總數）？	26%	26%	35%	15%
問題2	是否能以量化的方式視覺化您的銷售目標和客戶之間的關係（銷售額＝客戶數×單次消費金額×消費頻率）？	52%	68%	56%	43%
問題3	您是否定義了區分現有客戶與流失客戶的標準？	17%	53%	9%	13%
問題4	您是否已設定目標客戶群，能以量化的方式加以視覺化，並在跨部門間達成一致的共識？	6%	32%	5%	0%
問題5	您是否定義了為客戶帶來價值的便益性，並在跨部門間達成一致的共識？	26%	53%	24%	18%

【調查概要】M-Force和M-Force伙伴共同調查了過去曾擔任顧問或投資對象的共145個事業體，詢問對經營最重要的客戶理解和如何實行的相關五題問之回答

服大企業病的關鍵。

客戶理解相關的實際狀況調查

為了補充說明，我想要介紹一項有關客戶理解實際情況的調查。這是由我共同創建的M-Force公司，包含我在內共有七名諮詢顧問，以我們至今服務過、合計一百四十五家的事業體為對象，於二〇一四年四月所實施的調查（圖序-7）。你也可以跳過此部分，直接先從第一章繼續閱讀，有必要時再回頭參閱本節內容即可。

讓我先解釋調查中每個問題的內容及目的。

問題一：您是否定義了整個目標市場的客戶數量（市場占有率達到一〇〇%時的客戶總數）？

問題二：是否能以量化的方式視覺化您的銷售目標和客戶之間的關係（銷售額＝客戶數×單次消費金額×消費頻率）？

上述問題一與二問的是，不論在何種事業組織中，在評估成長潛力與投資報酬率時，「是否具備最基本的客戶理解」。同時，這也是投資人重視的項目。

問題一的目標市場客戶總數的定義將在第三章加以詳述，是以「ＴＭＡ客戶數」（Total Addressable Market）來表示。這個數字是指支撐某種產品總需求（總市場）的客戶數量，例如某家企業可能獲得的潛在客戶總數，若在Ｂ２Ｂ的狀況下，整個市場的客戶總數有多少家公司。

例如，若以二十世代的女性來定義日本全國規模經營網購、郵購保養品事業的目標市場，且該事業的市占率達到一〇〇％的情況下，則理論上，日本總務省推算的二十世代女性人口數即為ＴＡＭ客戶數。若以Ｂ２Ｂ的經營模式來考量，以機械製造商為主要銷售對象的金屬加工公司，若將商圈定義為位在方圓一百公里以內的機械製造商，那麼在市占率達到一〇〇％時，透過經濟產業省或商工會議所的資料庫就能夠確定大致數量與客戶名稱。若大約三百家，則ＴＡＭ客戶數即為三百。

投入資本追求獲利的企業，在哪個市場經營事業，定義該市場的總需求不可或缺。然而，根據我們的調查結果指出，實際這樣執行的公司，在新創企業中僅占三五％，在日本本地企業中更僅停留在整體一五％的低比率。缺乏這種定義，代表公司即使是以提升銷貨額或市占率為目標，卻是在搞不清楚獲得多少客戶總數的狀態下經營業務。

此外在問題二中，為了找出銷售目標與客戶間的關係，將銷貨收入的組成基本公式「銷售額＝客戶數×單次消費金額×消費頻率」拆解成三個變因，詢問受訪對象是否曾經將每個變因加以數值視覺化。即使未定義問題一的目標市場客戶總數，但也應該要能掌握自家公司的客戶數才對，不過實際上日本本地公司卻僅有四三％掌握了相關數字。換言之，這代表剩下的五七％，即超過半數的受訪日本企業，甚至連貢獻自家銷售額的客戶數都未加以視覺化。自家公司產品的銷售額是十億日圓，都無法掌握這筆金額是來自於千名或萬名客戶，公司內部對這數字也未形成統一的共識。

問題三：您是否定義了區分現有客戶與流失客戶的標準？

問題四：您是否已設定目標客戶群，能以量化的方式加以視覺化，並在跨部門間達成一致的共識？

問題五：您是否定義了為客戶帶來價值的便益性，並在跨部門間達成一致的共識？

問題三、四、五則是在組織內部建立統一的優先順序與整合性所必需釐清的項目。若未建立客戶分類的標準，也未在組織內部形成共識，那麼就無法分析或討論下述問題，甚至無法判斷問題的嚴重程度：該如何增加持續購買自家商品的客戶，亦即忠實客戶的數量？客戶流失的理由為何？該如何改善或強化自家商品或服務？

在這種情況下，致力於使客戶成為忠誠追隨者的「銷售與客服部門」、產出產品的「開發與製造部門」，以及負責銷售的「行銷部門」，這三部門之間便不存在共同的客戶樣貌，而且也無法建立連動性。各別部門或業務負責人在缺乏共同的客戶理解下，憑藉各自的判斷各自為政。這使得組織無可避免的出現垂直分化。關於問題四中的跨部門目標客群共識，日本本地企業的調查結果為〇%，這數字十分具有象徵性。

在接受本次調查的一百四十五家事業體中，僅有一家業務遍及全球的外資飲食連鎖店，將五項提問全數付諸執行。而新創企業在投資人所看重的問題一與二上表現相對較佳，但問題三以後的結果也處於低水準。

本項調查結果突顯出一個現實：許多企業對於客戶缺乏充分理解，**整體組織也未齊心團結、未同步面對客戶**。換句話說，整個組織都處於看不見客戶是誰的狀態，無論在組織內部如何強調客戶的重要，客戶仍從經營觀點的視線中消失。

序章總整理

- 所謂銷售額，無論是在B2C或B2B的經營模式下，都等於「客戶數×單次消費金額×消費頻率」。在人口增加的昭和時代，客戶人數會自然增加，銷售額也隨之成長。然而，在人口減少的平成與令和時代，伴隨客戶數量減少，以及媒體與顧客自身的多樣化，銷售額降低。
- 若組織規模擴大，則資訊傳達與組織構造都會更形複雜。為了解決複雜性的問題，組織的關注力會轉向組織內部，原應對客戶的關心與注意力也急速喪失。

- 了解正在或將來可能購買自家公司產品和服務的客戶是突破成長障礙的關鍵，也能成為團結組織的橫向串聯。

第 1 章

客戶中心經營改革的總體概觀

在本章中，我將說明客戶從經營觀點中消失的機制，
具體解釋應該掌握的客戶心理、多樣性與變化。
同時提出作為本書前提的「客戶中心」定義與三架構，
介紹客戶中心經營改革的總體概觀。

1-1 具體而言，究竟沒看到客戶的哪些面向？

被經營管理觀點忽略的客戶

那麼，**在經理管理上該從何種觀點切入，重獲客戶理解呢**？接下來，我將分成**客戶心理、客戶多樣性與客戶變化**三面向來說明。

1 客戶心理：看不出客戶行動的「理由」

「銷售額成長增加」的背景

若拆解銷售額，可以得出「**客戶數×單次消費金額×消費頻率**」。這三個組成要素代表客戶的購買行動，同時對於基本的客戶理解至關重要。

請試著思考，銷售額增加時發生了什麼事？

當自家公司產品的銷售額增加，但客戶數未增加時，而是單次消費金額與消費頻率提高的話，可視為對產品滿意度的提高，既有客戶具有成為忠實客戶的潛力。然而，這也可能僅僅是透過會員積點制來促進客戶大量購買的結果，或許客戶產品的滿意度本身並未提高。若是前者，則此後提高的單次消費金額和消費頻率也會保持穩定；但若是後者，單次消費金額和消費頻率便無法維持，成長的銷售額可能只是暫時的。

再假設另外一種案例，若考慮單次消費金額與消費頻率下降，但客戶數量大幅增加而使得銷售額提升的狀況。在此種情況下，新客戶的增加可能是執行某種成功促銷活動的結果，也可能只是將預期未來出現的需求提前（寅吃卯糧）的結果。若未能贏得客戶對產品的滿意度，由於無法期待回頭客再度購買，未來的銷售額可能會下降，便可能有必要再次投資在促銷活動上。不過，如果新客戶使用產品後從中發現強大的價值，並想要再次購買，銷售額便會持續增加。

以上這些案例全都會被報告為銷售額增加。但即使報告了客戶數、單次消費金額與消費頻率，因為更甚者背後也存在著各種可能性，我想應該能夠理解，無法確定未來銷售額是否具有前景能持續增加。

掌握心理與行動的關係

那麼，為了持續增加銷貨額並提高獲利能力，在經營管理上必須理解的關鍵何在？那就是**理解**

圖1-1　銷售額與客戶行動與客戶心理

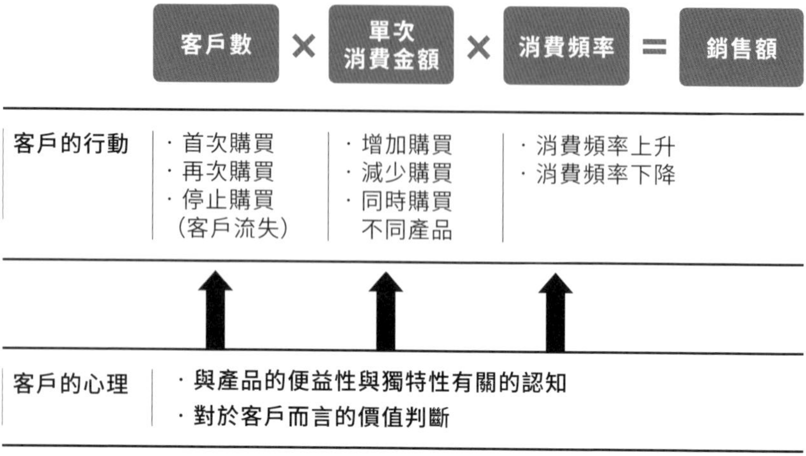

客戶的行動和引發行動背後原因的「心理」。為什麼客戶購買這項產品？為什麼願意支付高單次消費金額？為什麼消費頻率上升了？實際購買並體驗了商品或服務後的感受如何？他們如何判斷價值？這些問題的答案都存在客戶心中（圖1-1）。

也就是說，只是理解對銷售額有貢獻的行為是遠遠不夠的。若我們無法理解這些行為背後的心理，及導致行為結果的心理，那麼僅憑財務報表中銷售額與獲利增加的事實也並不能保證事業的穩健性或持續性。而且，我們也不會警覺到應該因應的競爭風險，或錯失值得積極投資的成長機會。財務報表所呈現的數字，不過是客戶行動的一時性短期反映。評估投資報酬率不僅要看銷售額或收益的增減，還要視其對客戶心理有什麼影響，以及會導致什麼行為之後，才能首次評估。

就經營管理而言，了解客戶時首先應該重新認

識的，便是客戶心理與客戶行為之間的關係。

2 客戶多樣性：「大眾思維病」

所有的商業模式都在一對一與一對大眾之間

在業務擴張的過程中，幾乎所有組織都會罹患所謂的「**大眾思維病**」。把具備多元價值觀與多種生活樣態的客戶，視之為銷售額、利益或當成總數或平均值，在持續掌握最大公約數般或平淡無奇的投資與經營管理活動的過程中，逐漸失去投資效益。

無論企業規模大小、業務型態是B2C或B2B，所有產品的成長都是基於多元客戶的價值觀、需求、願望和產品使用方法與滿意度支持。

讓我們稍微想像第一個客戶誕生的創業時期。首先，在開發產品時，如果將目標設定為爭取某個特定客戶，將產品做到無可挑剔的滿意程度，應該就能為該客戶帶來最大的便益性，使客戶從中發現巨大的價值。**這是一種完全客製化、一對一的商業模式**。

上述的某位特定客戶或許就是創業者本人，風靡世間的產品無一例外，都是從打造出可以為特定客戶提供具壓倒性優勢的便益性與獨特性的商品或服務所展開。然而，若僅專注於客戶和產品之間的一對一關係，開發成本就會成為組織的負擔，並且必須設定高價格來因應這些成本，否則將無法獲利。

為了讓這項很棒的商品傳遞給更多客戶，讓事業成長、降低成本並實現獲利的目標，絕大多數的公司都會試圖透過向更多客戶提供此一出色產品來發展事業。自此，便開始面對複數客戶的經營模式。

最終的結果是，**發展出以大量不特定客戶為目標對象的「一對大眾」的商業模式**。在一對大眾（mass＝不特定多數）的模式下，客戶被視為總數或平均值，經營管理或組織的決策也轉變為尋找最大公約數。這便是患了「大眾思維病」。

在大眾思維模式下的決策，對於任何客戶而言都不是最適化方案，產品的便益性與獨特性也變得毫無特色且平庸。結果是自家產品與競品或替代品具有高度相似性，大家陷入價格戰造成競爭成本提高，難以在產品上持續投入資源。

所謂大眾，代表「沒有固定形狀的大型塊狀物、集團、聚合體、多數、多量、大部分、大半、大眾、庶民」等意思。所謂的「大眾思維病」，指的是不考慮客戶的價值觀與個性，視他們為「不特定多數的客戶集團」，僅追蹤銷售額或利益等財務指標，而這些指標只不過是客戶購買行為加總的結果。

先訂出「這個年度的銷售目標為〇元」，思考為達成目標「應該要販售多少產品」，再將這些數量販售給不特定多數的「大眾」。以此種模式向大眾提議和行銷產品，即使幸運地能夠增加銷售

圖1-2　經營管理的投資效益目標：在一對一與一對大眾之間

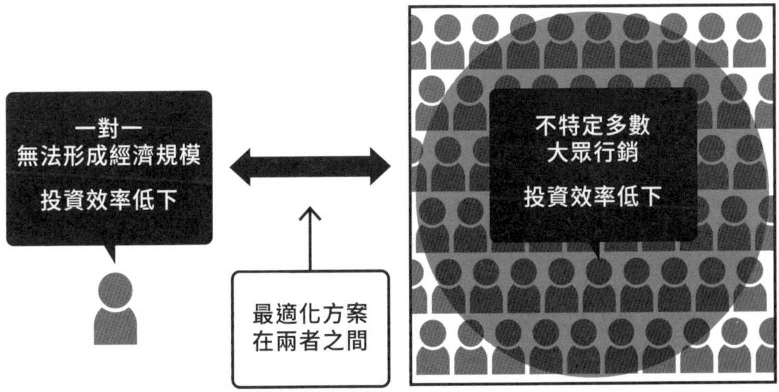

額和收益，遲早也將陷入死胡同，投資效益也會下降。若不知道什麼客戶正在購買產品，也就**看不見下一步應該為何種客戶提供服務或銷售產品，這樣的經營方式沒有可複製性**。

換言之，在經營管理上應實踐的最佳化解答，即可以最大化投資效益的方案，存在於「一對一」與「一對大眾」之間（圖1-2）。存在於這之間的眾多客戶，進行何種分眾（segmentation，區隔化）能夠最大化自家產品可提供的價值，發現此組合的優先順位非常重要。不是針對單一特定客戶或面向不特定多數大眾，關鍵在於在多樣化的客戶中，洞察、區隔出可能受自家產品強大價值潛力吸引的目標客群。

深入了解複數的客戶群體

此處重要的是任何產品都可能為複數、相異的客戶群體提供價值。

在前章章末（第40頁）所舉的例子中，金屬加工公司機械製造商三百家為「自家公司目標市場客戶總數＝TAM客戶數」，若現有往來的對象為三十家公司，並不代表這三十家公司都有相同單一的金屬加工需求，也不表示三十種需求完全不同。雖然在規格與功能上的需求多元各異，不過可以根據產業別區分為多種類型，例如食品生產線的機械製造商、汽車零件製造的機械製造商、醫療零件製造的機械製造商等。

再者，麥當勞也絕非僅以「追求美味漢堡的客戶群」為目標對象來做生意。為了享用風味獨特的麥當勞薯條而上門，並將漢堡視為次要產品的客戶群體非常龐大。另一種不同的客群則主張無論何時在麥當勞都能夠輕鬆享用咖啡與甜點，且覺得這一點很有價值。應該還有為數可觀的客戶群體，認為能夠在通勤途中，輕鬆買到早餐並帶到辦公室享用價值。上述每種消費族群都持續在麥當勞購買。這顯然不同於「大眾思考」的思維邏輯。不同的客戶群體與麥當勞所提供的便益性與獨特性，同時形成了多元的排列組合。

同樣地，像App公司SmartNews也擁有多種客戶群。有客戶群以早晨可迅速瀏覽每天最即時新聞為主要便益性，也有午餐前尋找優惠券的客戶群。既有透過APP樂於閱讀自己支持的職棒球隊或足球隊最新資訊的客戶群，也有尋找天氣預報或國際資訊而使用的客戶群等，存在複數的客戶群。在任誰都可以找到自己所需資訊的新聞APP中，以包山包海最大公約數式的「大眾思維」思考模式，或者是僅以棒球迷的特定客戶群為對象的單一思考模式，這兩種方式利用客戶數都沒有增加，很難擴展服務範圍。

無論是B2B或B2C的營運模式，無論是何種產品，能夠創造價值的便益性與獨特性的方式並非僅有一種。大家都可藉由持續提高複數的客戶群體滿意度，讓事業成長。

若以**銷售額＝客戶數×單次消費金額×消費頻率**來思考，所謂的客戶不是單一種類；能夠帶來高單次消費金額與消費頻率的客群，必然分屬於複數的客戶群體。透過洞察此事，將會發現以前未曾看出的新業務成長可能性，即自家產品與客戶的嶄新組合。

如此洞察自家產品可以在一對一和一對大眾之間，為複數客群創造價值，也就是**在經營管理上，需要重新認知客戶理解的第二個面向**，即**客戶多樣性**。

3 客戶變化：昨日、今日與明日的客戶不盡相同

今天，首次購買便成為客戶

像我這種昭和世代管理階層，有時會被揶揄、嘲笑為老屁股，實際上，我也經常從年輕的經營管理群或現場聽到類似的評論。我想昭和、平成、令和每個時代的工作觀、金錢觀與人生觀等價值觀都有很大的差距。將自身價值觀強加在不同世代身上的行事風格，有時也被稱為倚老賣老。然而，在討論商業經營的脈絡下，更為嚴重的問題是，不同世代對誰才是組織應該鎖定的目標客戶，

即客戶理解的看法出現歧異。

如同先前說明的，若銷售額增加，企業規模擴大，企業對客戶理解將更形困難。即使是在與客戶直接互動的第一線現場，員工越是專注於各自職務，越是專注於設定的數值目標或關鍵績效指標（Key Performance Indicator, KPI），客戶就越會僅僅被當成總數或平均值，對原有的客戶理解將每下愈況。在組織構造上，對於遠離客戶與第一線現場的經營管理階層而言，這一點尤為意味深長。

儘管大家並未經常注意到，但**客戶是不斷變化的**。

例如，假設截至昨日為止，牙膏「商品X」有三個現有客戶。

- 客戶A沒使用過任何競品，因為很喜歡商品X，正在考慮未來也會持續使用。
- 客戶B以前曾經用過競品，目前隨手購買了商品X，但並未感到與其他商品有明顯差異，老實說他覺得哪家商品都行。
- 另一位現有客戶C也使用過競品，雖然沒感覺到明顯差異，但由於與孩子在內的家庭成員共用，所以持續購買商品X。
- 今天，客戶B打算去買商品X而去了店裡，因為不同的製造商開始販售新商品Z，買下了此一競品，也就成了商品X的流失客戶。
- 客戶C則是因為孩子在某處買回新商品Z，所以使用了商品Z。

* 結果，客戶B認為「就這麼持續使用競品Z也沒問題」。客戶C則是不喜歡孩子買回來的新商品Z，正想著該怎麼辦。

如上所述，客戶心理並非固定不變，而是每天都在變化，結果導致他們的行為也發生改變。我們若未看到這些變化，客戶數量就會從昨天的三人減為今天的一人，這讓人十分頭痛。即使想著為了恢復銷售額，要「增加客戶數量」，但若不知道下一個潛在客戶是誰，而以大眾思維盲目投資，終至徒勞無功。

不過，如果至少能看到上述三人的變化，那麼從明天開始，便有可能向客戶C訴求「為自己買牙膏」，而贏回客戶C，現有客戶數量得以回到兩個人。

圖1-3　牙膏「商品X」3位客戶的昨日、今日、明日

	昨日	今日	明日
客戶A	沒使用過競爭商品，因為喜歡商品X，打算未來也持續使用	使用商品X沒有特別問題	應該會繼續使用商品X
客戶B	雖然正在使用商品X，但沒有感受到與其他競品的明顯差異	購買新發售的競品Z(客戶流失)，由於在使用上沒有任何問題，而認為「這個競品也可以」	**客戶流失狀況** ➡理解客戶B，開發能夠讓客戶B從中發現價值的商品？ ➡客戶回流的可能性
客戶C	雖然不清楚商品X的便益性與獨特性，但由於是與孩子與家庭成員共用，所以使用商品X	孩子買了競爭商品Z，故改為使用商品Z，但因為C不喜歡商品Z，正在考慮該怎麼辦	客戶流失狀況 ➡訴諸商品X合於客戶C的便益性與獨特性，吸引客戶C購買自己用的牙膏 ➡客戶回流的可能性

而針對客戶A則沒有特別投資的必要；若是客戶B，由於需要評估檢討如何改變商品本身，因此顯然需要努力了解對客戶B而言可能的便益性是什麼，並以此來分配開發資源（圖1-3）。

客戶變化與世代落差

在實際的商場上，應該不太可能去考慮在隔年推行三十年前成功過的策略吧。若是三十年這麼長的時間單位，不僅客戶會發生變化，產品能夠提供的便益性與獨特性也完全不同，因此大概憑直覺就知道該策略不具備可複製性吧。

那麼，一年前成功的策略又如何？若是上個月成功的策略就有機會嗎？若是昨天的成功策略呢？我想恐怕就不會如同三十年前的成功策略般，讓人直覺感到行不通吧。但是，在這段時間中，客戶也確實在變化。客戶總是持續在變化，從來都不是一成不變的。

這在B2B的經營模式下也相同。B2B與B2C不同，比起因客戶方狀況改變而產生的心理變化，企業客戶的心理和行為往往是因為以競爭為中心的外在總體環境的變化而改變（決策的優先順位與主軸改變），但這正是無法控制的。

不過，在實際的營運現場，昨天做的事情今天也在做，明天也打算執行今天已經做過的事。如同牙膏案例所述，大家沒注意到從昨天到今天的變化，也沒留意到今天的客戶在明天會有何種轉變。然而，若這個過程反覆持續多年，則無論管理階層是高齡還是年輕，業務自然都會停滯不前。

圖1-4　經營管理忽略的三項顧客理解

①心理	✖ 只見客戶的聯繫諮詢或購買等外在行動 ➡ 理解行為原因的「心理」，將導致差異
②多樣性	✖ 將客戶視為總數或平均值的不特定大眾 ➡ 理解價值觀與需求的「多樣性」，將導致差異
③變化	✖ 客戶固定不變，基於與過去相同的前提進行投資 ➡ 理解「變化」並非過去的延伸，將導致差異

這不是因年齡而呈現老態的問題，而是是否能理解客戶變化的問題。即使是新創企業的年輕經營者，若在組織擴大而日益忙碌的過程中遠離了客戶，也可能變得「老態龍鍾」。

另一方面，大家應該特別留意與昭和世代的世代落差。不可否認隨著網路成為司空見慣的標配、數位科技的發展、智慧型手機的普及，人類的行為和心理狀態正在加速變化，且變得更加多元。特別是被稱為「智慧型手機世代」的十多歲到二十多歲的世代族群，自孩提時代起他們的生活就圍繞著智慧型手機。由於和我一樣的昭和世代全然沒有這樣的體驗，缺乏能夠同理年輕族群的感受與價值觀的親身經歷，所以非常難理解對方。

當大型組織瞄準年輕族群為目標客戶群體時，經營管理群往往缺乏必須理解年輕族群的感覺。由於缺乏與年輕人直接互動的第一線資訊，在進行管理決策時，經營管理群自身的現場感覺並不存在於網路或智慧型手機，只能依賴昭和時代養成的感受。

每個經營管理者，都企圖做出正確的判斷。然而，當應該成為判斷基礎的客戶理解變薄弱時，自然而然經營管理者便只會仰賴自身十分了解且具有親身經歷的資訊。這不是一個可以被簡化為高齡老態而加以取笑、揶揄的問題，而應該視為對客戶變化理解的問題，並且這問題是可能解決的。

這就是**在經營管理上應該重新認知的第三個客戶理解**，即對於**客戶變化**的理解。如同圖1-4所示，到目前為止我說明了三項理解能力，具備與否將導致在業務成長上出現差異。

1－2 所謂客戶中心，便是捨棄企業觀點

客戶中心的定義：從客戶的角度看世界

在經營管理上應該重新認知的客戶理解，包括**客戶心理**、**多樣性與變化**三項。透過深化了解這些客戶理解的面向，定義「誰是客戶」，並將此定義當成組織整體的共識橫向串聯，包含經營管理階層在內，於組織內部討論後決策，根據進展運作PDCA（Plan：計畫、Do：執行、Check：檢核、Action：改善行動）循環，這便是本書所提出的客戶中心管理改革。在接下來的章節中，我將詳細解釋如何實踐改革架構。

作為前提，我在此將先行定義本書中「客戶中心」的含意。

如同「客戶導向／客戶至上／客戶基點」等「客戶〇〇」或「消費者〇〇」的詞語，各行各業的許多企業揭櫫為經營理念。即使說法各不相同，但我想不論何者都代表重視客戶或優先從客戶的需求出發之意。

圖1-5　何謂「客戶中心」？

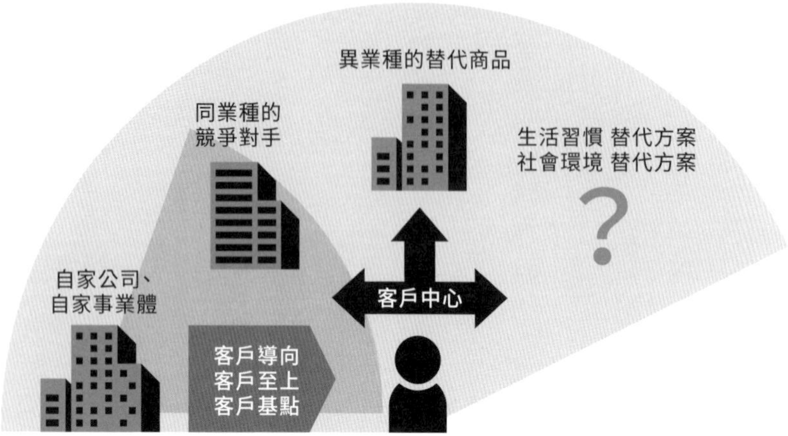

雖然高舉客戶導向或客戶至上主義的大旗，但幾乎在所有的情況中，公司為了銷售自家產品，都還是只將客戶視為數字。即使稍加採取客戶導向，也只是出自於「客戶如何看待『自家產品』的發想」。這樣也只是在自家公司與客戶的封閉關係中，企圖掌握客戶面貌，這與真正掌握客戶觀點或思考邏輯不同。**客戶通常並不會事先區分自家公司與競爭對手，再去選擇**。

客戶為了滿足自己的某種需求，會將各式各樣的選項納入考量。可能的選項不僅有與自家商品、服務相同類別的競爭商品，與分類沒有直接關係的替代產品或替代方案也包含其中。如同圖1-5所示，左右大幅展開的扇形部分，才是客戶的考量範圍。

你會把步行選項視為汽車公司的競爭對手嗎？

例如你在銷售汽車的企業裡工作，觀察客戶時，如同圖1-5左下角的狹窄扇形所示，僅將自家品牌與競品納入視野。

但若以客戶中心來思考，最近不僅是燃油車，認為包含特斯拉在內的電動車（EV）也是競爭對象的人應該增加了吧。移動方式不限於汽車，大眾交通工具、腳踏車、步行、慢跑，以及使用派車APP的計程車服務都是替代手段。不僅如此，若將移動方式的最終目的也納入考量範圍，則選擇甚至不需要移動的線上工作或學習型態，利用採買食物或購物的配送服務等，也都能成為異業種的替代方案。

想像並思考不同的視野範圍便是「客戶中心」。只有從客戶的角度來理解汽車提供移動能力的目的，才能開始看到環境的各種變化，以及自家產品與客戶互動的潛力。若只是從如何銷售自家汽車、如何讓客戶購買自家汽車的觀點來思考，其他選項便無法進入視線範圍。如果不以客戶中心的邏輯來理解移動的目的，將無法看出自家公司正在熱情開發的汽車，與自行車、步行或配送服務並列的重要性。我們不是以與自家產品之間的關係為前提來掌握客戶樣貌，而是完全從客戶所追求的便益性，以及何以客戶會尋求此一便益性的目的來思考是不可或缺。

讓我們以大型書店亞馬遜為例來思考。為了與同樣擁有實體門市的競爭對手有所區隔，亞馬遜在二〇〇〇年代，針對讀書需求而開設實體店鋪的大型書店，思考如何開設對客戶方便的書店，追求如何讓客戶方便抵達、舒適挑選和購買書籍等便益性。他們與星巴克等公司合作，希望打造以商店的舒適度與使用者友善性本身成為消費者來書店的目的。而且，美國兩大連鎖書店巴諾書店（Barnes & Noble）與博德斯書店（Borders）埋頭於相互競爭，很長一段時間都未將亞馬遜視為競爭對手。

另一方面，亞馬遜只專注追求方便客戶閱讀的必要準備，並徹底執行：充實庫存、縮短配送時間、降低配送運費，以及擴充電子書籍等措施。結果，許多客戶不將上書店視為主要的便益性，而選擇了讓閱讀變輕鬆容易的亞馬遜。這就是基於現有自家產品的「客戶觀點」，與不以自家公司為前提假設的「客戶中心」之間的差異。

對巴諾書店與博德斯書店而言，亞馬遜的動向能夠解讀為①作為替代手段的電子商務登場，取代了實體書店，導致競爭環境改變；②因此客戶產生了變化；③到自家門市造訪（購買）的人潮衰退。

換言之，採取客戶中心的模式意味著同理客戶的立場和感受，並以此為基礎考慮所有對客戶有利的選項。選項不僅包括同類型的競爭對手，也包括不同類型的替代品。

我們已經提過在經營管理上必須重新建立對客戶的理解，持續深化了解客戶的心理、多樣性與變化。為了讓這一點在公司內部扎根，**所有的決策都必須以客戶中心為主軸**。

B2B營運模式下的客戶中心：思考終端客戶的便益性

即使在B2B的營運模式下也是如此，企業客戶買方為了某種目的購買了商品、服務，而B2B的業務活動是直接為企業客戶提供手段。而該企業客戶的目的，又會成為其主要企業客戶希望達成目的的手段。換言之，與B2C不同的是，在B2B的營運模式下，重要的是去思考在to B、to B……持續延伸的鍊型價值創造（價值鏈）中，正在產生什麼，以及將如何連結到最終的便益性（圖1-6）。據此改變自家公司直接提供給企業客戶的產品提案內容可能更為可行。

■ 材料製造商案例

以下將介紹我過去接受諮詢，透過溯源創造價值的價值鏈連結，找出解決方法的案例。獨立材料製造商A公司，負責製造並銷售用於建物或公寓的管線。傳統管線多是鋼管或銅管，不過A公司開發出輕量且容易加工的新材質管線，銷售給建築的分包商或下游承包商。此商品主要的便益性在於，因輕量且易於加工，所以可減少工地的作業量，能夠降低現場作業者的負擔。然而因價格高昂，銷售成果不如預期，所以向我諮詢新的可能性。

管線用於由業主擔任開發商的建物大樓或公寓中，始於建築工程分包商的漫長價值鏈，最終的

「C」（customer）即客戶，是建物或大樓的購買者。

若能夠解讀此一價值鏈中最終端客戶各自所追求的便益性與目的，便會理解到重要的最終便益性，是為滿足建築物的所有者或購買者的滿意度。那麼，對這些最終端的購買者而言，他們認為的潛在便益性是什麼？

建物或大樓在經過數十年後會因建材老舊劣化而產生修繕費用，在轉賣時的價值也會出現重大變化。若建物出現任何問題，價值將會大幅下跌。若是由頂級開發商經手的物件，雖然可以期待高品質，不過對方也並非就提供了永久保證，因此消費者仍會隱約感到不安。

A公司提供給分包商的新材質管線，不僅是質地輕巧、易於加工，相較於傳統材質鋼或銅，新產品的材質還具有不易被鏽蝕的特長。因此，因數十年後發生修繕或材質老化等問題，造成建物或大樓本身的貶值可能性非常低，在諮詢過程中，我注意到可將此當為便益性向客戶提案。自此以來，A公司除了如同以往以輕量且易於加工、工事負擔較少的便

圖1-6　B2B：思考客戶中心的價值鏈

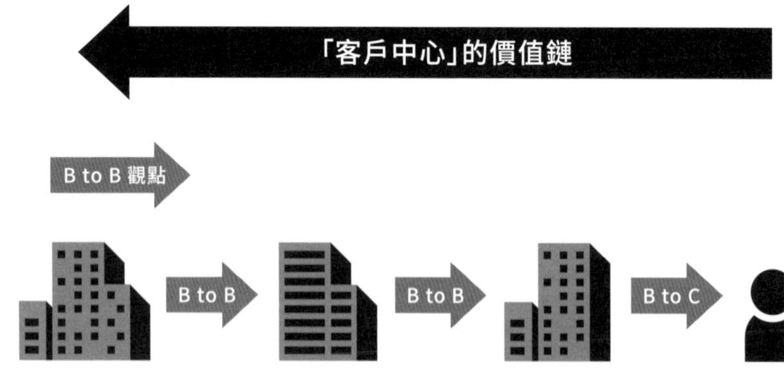

益性向建築分包商銷售管線之外，並以「由於材質不易被鏽蝕，所以可耐受長年材質劣化，不會損傷建物價值」的便益性來拓展新客戶，擴大事業版圖。

B2B的營運模式，會比B2C更傾向於透過銷售推廣或客戶經營來贏得企業客戶。然而，越是傾注力量在銷售推廣或客戶經營上，越容易只專注於與自家公司有直接接觸的企業客戶上，而難以見到整體價值鏈的全貌。而在B2C的營運模式下，眼前的客戶位居某價值鏈中部分環節的可能性很高。A公司的案例對我來說也是獲得很多的學習經歷，因為它使我再度認識到思考整體價值鏈中，以各種客戶中心為基礎的潛在便益性和需求的重要性。

■護髮產品製造商案例

再介紹另一個B2B的案例。雖然這已經是二十年前的案例了，但時至今日我認為它仍然意義重大。這是思考最終端的客戶需求而得以提升護髮商品業績的案例。

此產品是透過美容院銷售給一般客戶，在推廣業務的過程中，出現了能夠將產品順利銷售給一般客戶的企業客戶（美容室），以及業績沒有起色的企業客戶。比較結果發現是負責各美容室的廠商業務人員的表現差異所導致。

兩位業務人員一樣每週都會拜訪企業客戶，也經常打電話（當時仍是透過電話進行銷售推廣的年代）。當時，公司正在討論要增加其他業務人員到店拜訪的頻率，並加強電話銷售。

但深入發掘之後，大家發現負責銷售美容院業績成長的業務人員，會提供設計師可用以向客戶搭話的「話題」。設計師在提供美髮服務的過程中，本就會與客戶討論最近的流行趨勢，其中也加進了商品令人意外的話題，例如「該商品的成分很稀有，無法大量生產」、「與其他商品相比，吹乾頭髮之後髮質更為滑順」等。

換言之，負責的業務人員向設計師提供了「易於聊天的談資」。當設計師與客戶聊到這個話題時，由於商品就放在美容鏡旁邊，自然而然便帶動了銷售。

另一方面，銷售沒有起色的業務人員，並未思考到最終端客戶，談論的都只是思考如何將商品銷售給企業客戶。後來調整了銷售推廣內容，開始提供許多與商品相關、具意外性的話題，設計師便自然而然與客戶分享，最後引起了客戶的興趣，並增加了銷售額。

關鍵是能夠看出產品對最終客戶（並非是B２B的營運模式）將產生何種影響，並制定策略來積極提升此影響力。如此一來，只要能關注最終客戶的需求與他們所認為的便益性，便可能找出有效策略的線索。

1－3 客戶中心經營管理的實踐

邁向客戶中心經營管理的三大架構

我諮詢協助的企業正藉由活用客戶中心架構，來實現健全化的經營管理；該架構以時間軸對客戶狀況加以視覺化，並以客戶中心模式來管理業務。即使面臨短期成長腳步趨緩，透過與管理階層和第一線現場分享這些架構，並在整體組織中提升客戶理解並重複ＰＤＣＡ循環，也能夠實現持續成長。

本書所提議的主要架構為「客戶中心的經營結構」、「客戶策略」（WHO&WHAT），以及「客戶動力學」（Customer Dynamics）三項。

第一架構：「客戶中心的經營結構」

第一項「客戶中心的經營結構」，是從經營管理角度掌握客戶的架構。自上而下由管理標的、客戶心理、客戶行為、財務表現四大構面組成。無論在任何行業，經營管理活動都會影響客戶的心理狀態，改變客戶的購買行動，並帶來銷售額與獲利等財務表現。圖表中最底端的構面，銷售額和利益是業務得以持續的資金來源，也就是財務表現。為了達成財務表現而成為接受營運管理的項目，便是圖表中最頂端的「管理標的」。此圖顯示了經營管理階層期望的輸入（input）和輸出（output）之間的因果關係。

所謂管理標的，包括從銷售推廣、折扣促銷、商品開發、行銷等會對客戶產生直接影響的事物，到人事、財務、總務、媒體公關到ＩＴ等涉及組織營運並會間接影響客戶的事物，是上述所有項目的總和。透過管理標的，最終目標在於對潛在與現有客戶產生某種影響，增加客戶數、單次消費金額與消費頻率，提高銷售額和利潤等財務表現。

從而，**「客戶」是存在於管理標的與財務表現之間**。圖表中財務表現項目的上方，由下往上倒數第二個構面的客戶行動項目中，標記有「客戶數×單次消費金額×消費頻率」，這意味著銷售額。

被列為管理標的「獲得新客戶」及「維護與培養現有客戶」的投資活動，並不會在短期內快

圖1-7 客戶中心的經營結構

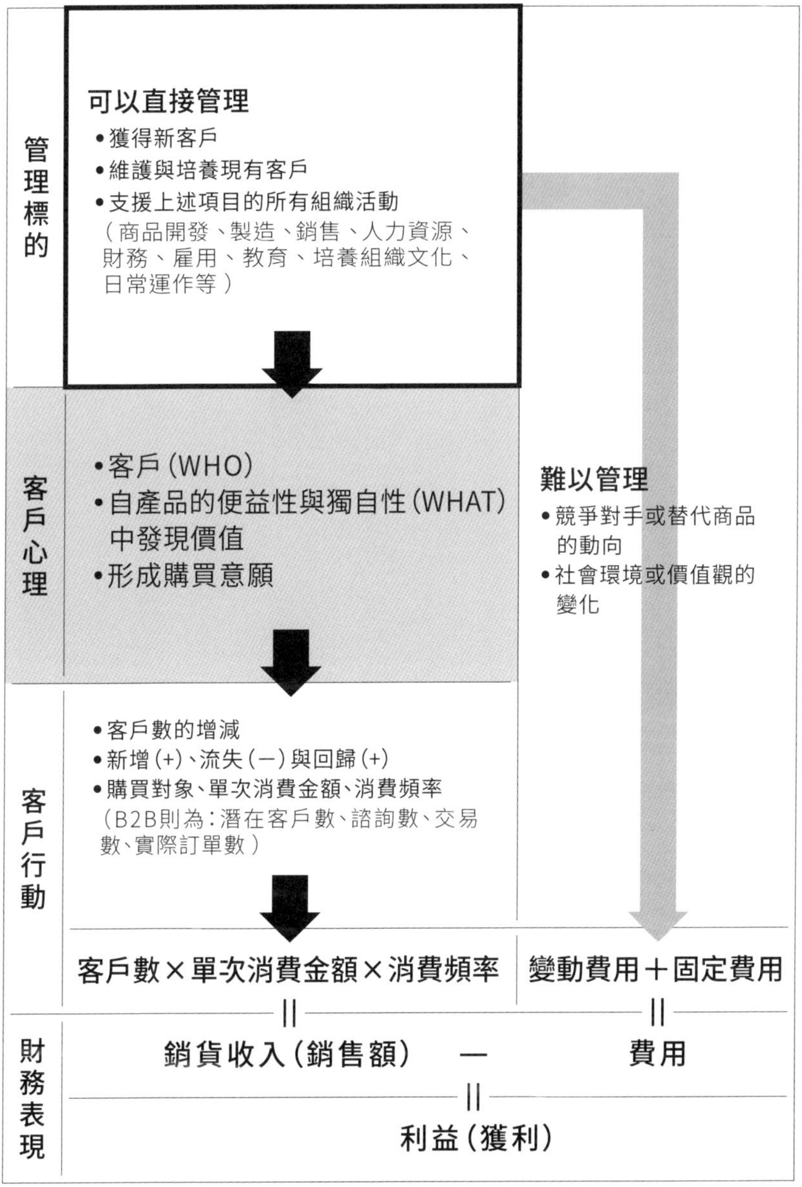
管理標的
可以直接管理
•獲得新客戶
•維護與培養現有客戶
•支援上述項目的所有組織活動
（商品開發、製造、銷售、人力資源、財務、雇用、教育、培養組織文化、日常運作等）
客戶心理
•客戶(WHO)
•自產品的便益性與獨自性(WHAT)中發現價值
•形成購買意願
難以管理
•競爭對手或替代商品的動向
•社會環境或價值觀的變化
客戶行動
•客戶數的增減
•新增(+)、流失(−)與回歸(+)
•購買對象、單次消費金額、消費頻率
（B2B則為：潛在客戶數、諮詢數、交易數、實際訂單數）
客戶數×單次消費金額×消費頻率
變動費用＋固定費用
財務表現
銷貨收入(銷售額)
—
費用
利益(獲利)

速改變客戶的行動。客戶行動的變化包括：潛在客戶首度購買、減少現有客戶流失（＝客戶人數增加），在購買上花費更多金錢、一次大量購買（單次消費金額提高）、購買頻率提高等，都必然起因於某種客戶心理的變化。

在經營管理上討論成長策略或投資、組織結構或人事，雖然直接或間接、短期或長期有所差異，但必然以客戶心理和行動的變化為目的；然而即使如此，有時在實務上做出的決策與客戶並沒有真正的關聯性。當會議一遍又一遍重複，或者討論過程拖拉延宕難以產生結論時，問題經常都出在看不見原本應該成為會議與討論目的的客戶之間的關聯性。

藉由分享客戶中心經營結構的架構，確認目前進行的會議與討論是以對客戶產生何種影響為目的，能夠避免無意義的討論，建立針對客戶中心營運管理的共識。這將在下一章詳盡說明。

第二架構：「客戶策略」

第二架構是將向誰（WHO）提供什麼（WHAT）才能創造價值加以明確化，並落實為執行措施的「客戶策略」。擺脫了在序章中指出的、錯誤經營管理的「客戶缺席」策略，這是以客戶和產品為主軸的新策略概念（圖1-8）。

商品或服務等產品本身不具有「價值」，這句話常招致誤解。因為只有當客戶認識到產品所代

圖1-8　管理標的與客戶策略的連結

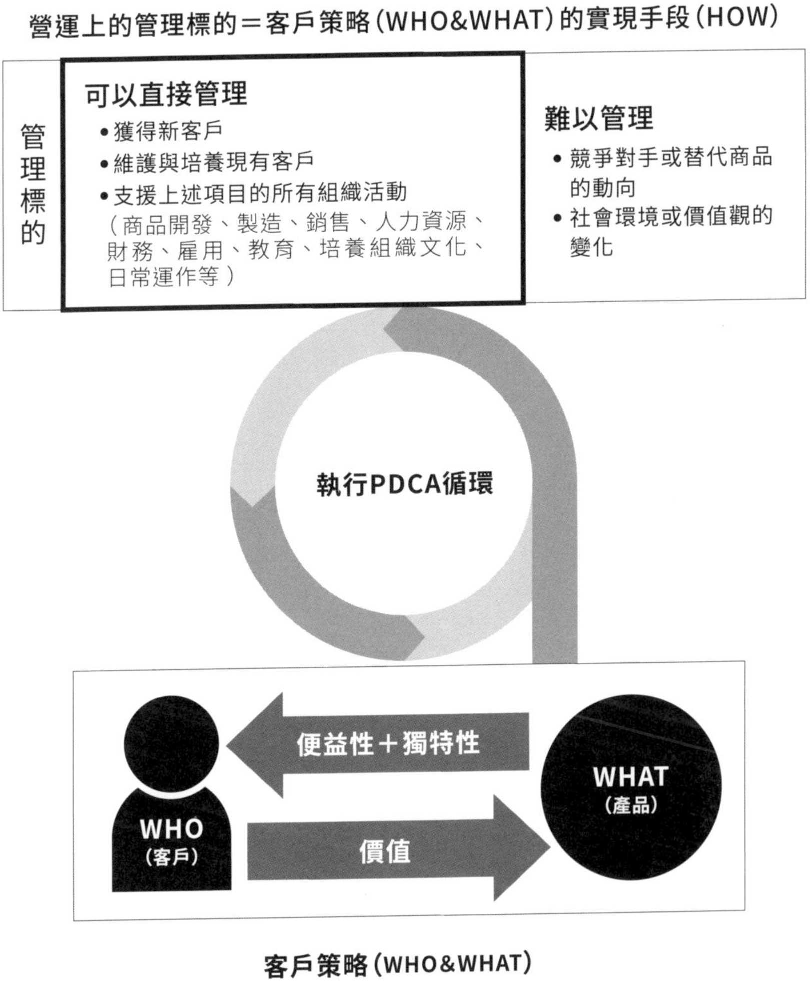
營運上的管理標的＝客戶策略（WHO&WHAT）的實現手段（HOW）
管理標的
可以直接管理
•獲得新客戶
•維護與培養現有客戶
•支援上述項目的所有組織活動
（商品開發、製造、銷售、人力資源、財務、雇用、教育、培養組織文化、日常運作等）
難以管理
•競爭對手或替代商品的動向
•社會環境或價值觀的變化
執行PDCA循環
便益性＋獨特性
WHAT
（產品）
WHO
（客戶）
價值
客戶策略（WHO&WHAT）

表的便益性與獨特性對自身有價值時，「價值」才首度而生。只有當客戶認識到產品的價值並購買產品時，價值才開始轉化為金錢（經濟利益），從而產生銷售額與獲利。換言之，無論企業方相信產品有多好，若沒有客戶認同對自己而言的便益性與獨特性，也無從產生價值。

將客戶策略加以明確化，是所有企業都必須執行的起點。藉由透澈的客戶理解來制定客戶策略並在組織內實施，可全面掌握從客戶心理到客戶行為的變化，以及這些變化轉化為銷售額、獲利、即財務報表數字的一連串過程。換句話說，這也將成為組織的橫向串聯。

換言之，可以說**經營管理是藉由向客戶（WHO）提供其所認同的便益性與獨特性（WHAT）的產品，以持續提升財務表現為目的的手段（HOW）**。為了在客戶與產品之間實踐價值來掌握經營，便可擺脫只見競爭和公司內部的客戶缺席策略理論。我將在第三章進行相關解說。

第三架構：「客戶動力學」

第三架構則是掌握市場整體客戶動向（變化）的「客戶動力學」（圖1-9、1-10）。

檢視以自家產品為對象的目標客戶群體總數時，會發現有：可稱為自家產品大主顧、購買頻率高的忠實客戶和購買頻率較低的一般客戶，也有暫時不購買的流失客戶。此外，市場中尚有許多未

圖1-9　基礎：五區間客戶動力學

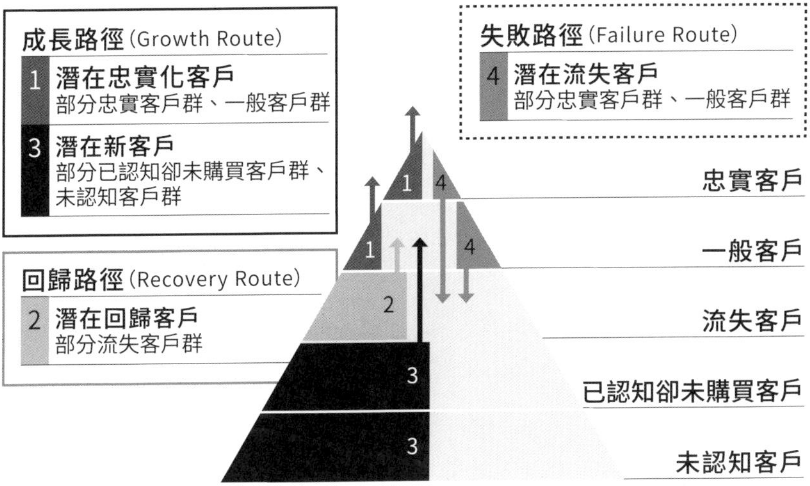

成長路徑 (Growth Route)
1 潛在忠實化客戶
部分忠實客戶群、一般客戶群
3 潛在新客戶
部分已認知卻未購買客戶群、未認知客戶群
回歸路徑 (Recovery Route)
2 潛在回歸客戶
部分流失客戶群
失敗路徑 (Failure Route)
4 潛在流失客戶
部分忠實客戶群、一般客戶群
忠實客戶
一般客戶
流失客戶
已認知卻未購買客戶
未認知客戶

圖1-10　應用：九區間客戶動力學

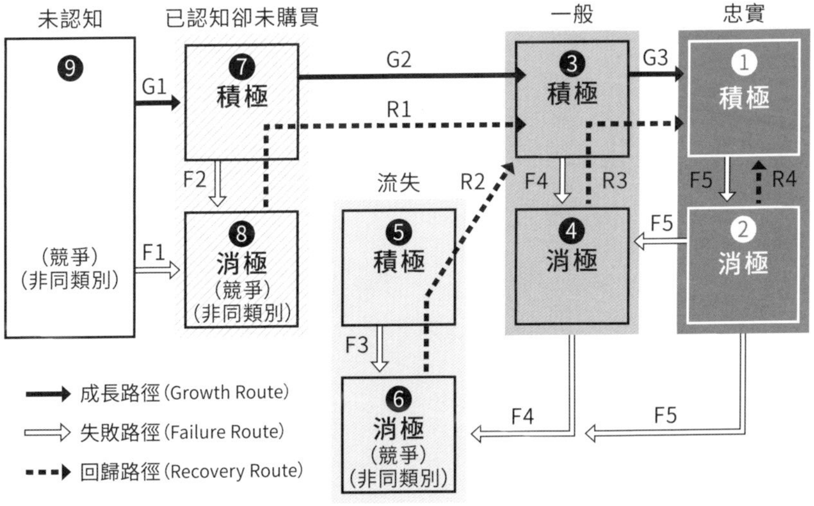

未認知
已認知卻未購買
一般
忠實
流失
9 (競爭)(非同類別)
7 積極
8 消極 (競爭)(非同類別)
3 積極
4 消極
1 積極
2 消極
5 積極
6 消極 (競爭)(非同類別)
G1 G2 G3
R1 R2 R3 R4
F1 F2 F3 F4 F5
成長路徑 (Growth Route)
失敗路徑 (Failure Route)
回歸路徑 (Recovery Route)

購買自家產品的客戶，這個群體還可以區分為雖然知道自家產品但未購買的客戶，以及還不知道自家產品者。假設市場整體的客戶數為一〇〇%，可以分類為「忠實客戶／一般客戶／流失客戶／已認知卻未購買客戶／未認知客戶」五種客群，即為「五區間客戶動力學」（customer dynamics）。

這是在任何事業皆可實施的基本五分類。若為B2B的營運模式，則在由上往下第四順位的已認知卻未購買客戶項下，包含了三種客戶：①進行了商務洽談，但未簽訂契約之企業客戶、②進行了商務洽談，或商務洽談正在進行中，尚未決定的企業客戶；以及③商務洽談進行前的潛在企業客戶。

而區分為五種類的客戶並非固定不變。因為客戶的心理與行動持續變化，會在這五個分類間移動。以此為前提基礎，視客戶整體為動態的便是「客戶動力學」。

例如，確認現有的未認知客戶（第五類客戶）的數量，在實施以獲得知名度為目的的銷售推廣或PR公關等活動後，以時間軸確認與三個月前相較客戶群產生了多少變化，藉此便可評估措施的效果與市場的變化。

若以動態來掌握這五個客戶群體分類的變化，現有客戶中既有今後將提高自家產品購買頻率、或增加購買量（單次購買金額），即將成為**潛在忠實化客戶**，也有已流失但久違打算購買自家商品的**潛在回歸客戶**。或是在已認知卻未購買客戶當中，有明天即將購買的**潛在新客戶**，在未認知客戶中也存在著潛在新客戶。另一方面，也有雖然目前是客戶，但因某種理由而打算停止購買的**潛在流**

失客戶。

「五區間客戶動力學」是基本架構，將客戶心理和行為的變化納入考量，並呈現了整體市場未來客戶行為變化的鳥瞰圖。這個架構無論公司規模或業務內容都可廣泛使用。我將在第四章中進行說明。

以五區間分類操作客戶動力學後，若能進行量化問卷調查等取得區別「下一次若有機會是否會想購買？」的指標「下次購買意願」（Next Purchase Intention, NPI）數據，便有可能將五區間分類再更進一步分類成「九區間客戶動力學」並加以運用。我將在第五章的應用篇，當成進階版本加以介紹，不過由於基礎分析是基於五區間客戶動力學，因此本書的基礎篇將以五區間客戶動力學為基礎，在第三章進行針對客戶策略，在第四章針對客戶動力學進行解說。

運用三架構的客戶中心經營管理

接下來我將簡要解釋前述架構之間如何相互連結，以及如何將它們活用於客戶中心的經營管理。

所謂在經營管理上被忽略的客戶理解，具體來說是客戶的心理、多樣性和變化。首先藉由第一個架構，以鳥瞰的方式總體理解經營管理涉及哪些活動，清楚認識投資於什麼管理標的

（HOW）、到最終呈現出的財務表現之間存在著「客戶心理和行為」，並以經營管理的觀點來掌握運用相關理解。具體在經營管理上進行的投資，則透過第二架構，來確定將為誰（WHO）提供什麼（WHAT）來創造價值，以此為基礎建立和明確化客戶策略，對管理標的進行投資，並運作PDCA循環。

再次提及，**所謂的經營管理是藉由產品向客戶提供其所認同的便益性與獨特性，以持續提升財務表現為目的的手段**。換言之，所謂的客戶策略，可說是經營管理階層為了實現業務持續成長和提高獲利能力而應該追求的投資策略。

而多元化的客戶每天時時刻刻都在變化，所以藉由第三架構進行適當的區隔化，相應於其動向，找出下一步值得投資的客戶群，並建立多種客戶策略以持續不斷發展自家產品。例如，面對可能流失的客戶群，向他們訴求尚未認知到的產品魅力，以防止客戶流失；針對有機會成為新客戶的客戶群，提供最後具決定性的一擊，向其訴求產品魅力使他們成為新客戶等等。而該客戶策略的實施是否如預期導致客戶的心理與行動的變化，則可透過客戶動力學的變化以每三個月或半年的時間軸為單位來進行檢驗。

此外，透過內化這一系列「客戶中心」的經營管理，在業務與組織擴展的過程中，將不再仰賴經營管理者個人的領導素質或能力，且每個部門不再步調不統一地單獨各別優化，而是透過投資不斷為客戶創造價值，即持續提高獲利成為可能。

客戶中心的經營結構、客戶策略和客戶動力學便是本書處理的主要三種架構。在下一章中，我們將從「客戶中心的經營結構」開始說明。

第1章總整理

- 在經營管理上應該重新建立的客戶理解，包含客戶心理、多樣性與變化三項。深化這些理解來定義「客戶是誰」，並以此橫向串聯、在組織整體建立共識，包含經營管理階層在組織內部討論、決策，相應於進度執行ＰＤＣＡ循環，這便是「客戶中心的經營管理」。
- 客戶為了滿足自己的某種需求，會將多種多樣的選項納入考量。不僅是與自家商品、服務屬於相同類型的競爭者，也包含與類型無關的替代產品與替代方案。掌握上述包含不同選項的全貌非常重要。
- 以時間軸將客戶狀況加以視覺化，藉由以客戶中心的角度管理業務，並實現健全的管理。透過在經營管理階層與第一線現場之間共享這些資訊、了解客戶並在整個組織中重複執行ＰＤＣＡ循環，就有可能實現持續成長。

第 2 章

將「客戶心理與行動」納入經營管理視角：掌握客戶心理

經營管理是透過適當的投資分配，
追求永續業務成長與提高獲利能力。
所有的投資都會影響客戶心理，並促成行動的變化，
但在許多企業中，客戶心理並未被納入經營管理的視野。
在本章中，我將解說將黑箱化的客戶心理納進經營管理的
「客戶中心的經營結構」架構。

2-1 名為客戶行動與客戶心理的黑箱

管理標的與財務表現脫節

在序章中，我說明了經營管理的課題在於忽略客戶，而客戶理解正是跨越業務成長天花板的關鍵。在第一章中則介紹了本書核心三架構之間的關聯性，並強調「所謂的經營管理是藉由產品向客戶提供其所認同的便益性與獨特性，以持續提升財務表現為目的的手段」，以及「客戶策略本身便是投資策略」。

在本章中，我將針對經營管理階層聚焦於客戶的心理與行動，解說將經營管理與客戶之間的關係性加以視覺化的「客戶中心的經營結構」架構。運用該架構來重新解讀經營管理上的問題點，並以解決問題為目標。

在所有事業的推動上，將客戶的行動與心理變化納入經營管理不可或缺。如同前述，企業無法直接操控客戶的手腳（行動）。在採取行動之前，客戶必然歷經了心理上的變化，這是認知、價值

圖2-1　客戶中心的經營結構（續）

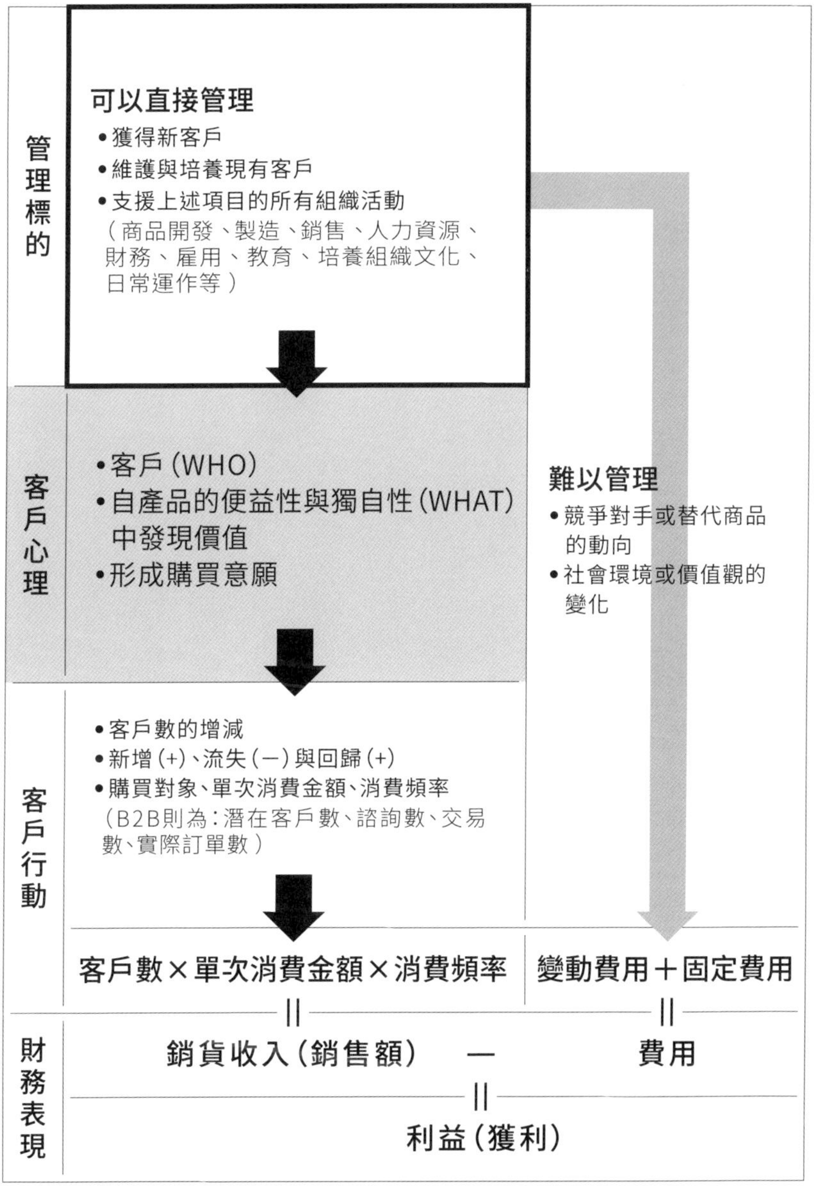

觀與潛意識需求變化的進程。結果最終導致形於外的客戶行動。如同圖2-1所示，透過經營管理階層執行管理標的的各種活動與措施，導致客戶的心理與行動產生變化，結果轉化為「客戶數×單次消費金額×消費頻率」的銷售額，並以獲利的形式反映在財務表現上。

圖表右側是營運活動產生的費用。自因客戶行動變化產生的銷售額中減除這些費用，餘下的金額就是利益。此外，這些費用成本負擔取決於外部因素，例如經營上無法直接管理的競爭對手活動或替代品的存在，以及社會環境和價值觀的變化。

此種結構能夠適用於任何業種，但在實務的經營管理上，幾乎都未將「客戶行為與心理之間的關係」納入考量。例如，當決定為達成季末銷售目標的八折促銷時，通常都不會討論到這類問題，諸如：「我們應該當成目標市場的客戶是誰？為什麼認為二〇%的折扣對目標客戶來說有吸引力？以折扣價購入之後，客戶的行動會產生何種變化？尚未成為客戶的潛在新客戶對此折扣有何感受？」。大家似乎始終僅僅討論管理標的和預期財務表現（銷售額、利益、費用）便做出決策。

重視客戶數據的企業，儘管會關注客戶的行動數據（客戶數、單次消費金額、消費頻率，以及在此之前的行為指標），但卻極少將客戶心理變化當成左右的原因來討論。如同圖2-2和圖2-3所示，要不是在經營管理的視線中完全遺漏了顧客的心理和行為，就是即使捕捉到了顧客的行為，卻遺漏了客戶心理。

圖2-2　客戶中心的經營結構：沒有關注客戶的心理與行動

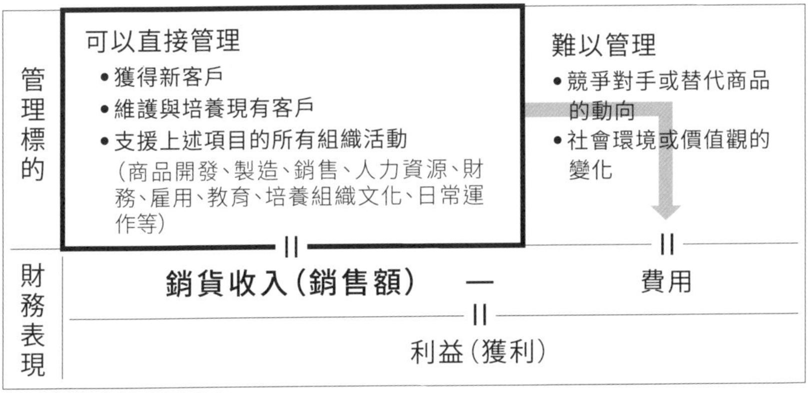

圖2-3　客戶中心的經營結構：沒有關注客戶的心理

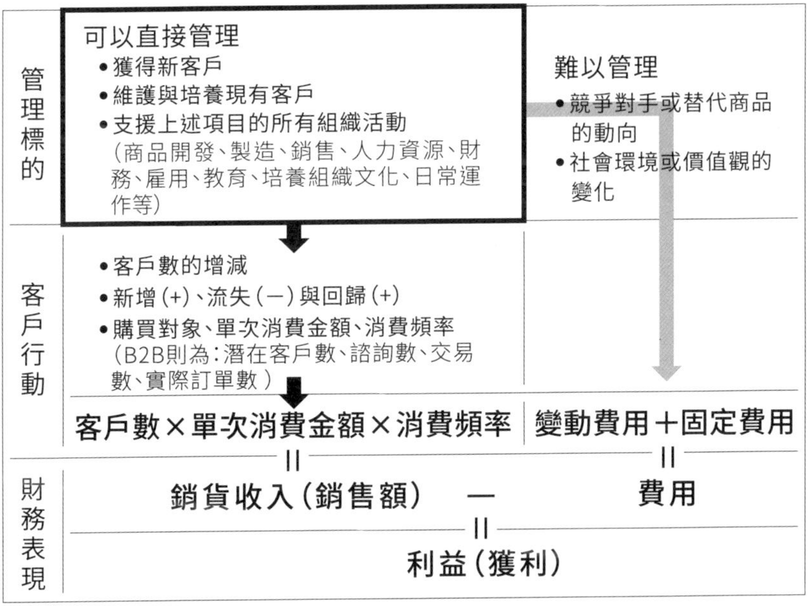

客戶心理與行動之間的關係未被視覺化

接下來，我將針對第一架構加以詳盡解說。每家公司都在追求架構底端的「財務表現」，亦即與「銷貨收入－費用＝利益」的財報數字的業務成長。在序章（第31頁圖序-2）所介紹的JMA調查中，在二〇一〇年與二〇二〇年，排名首位的經營課題都是「提升獲利能力」。獲利能力是指「財務表現」的持續提升，是公司從所有活動和投資中獲得的利潤，也就是賺錢的能力。

另一方面，為了獲得財務表現，建立了圖表最上端的日常經營管理活動範圍「管理標的」。可以區分為「可以直接管理」的項目，以及「難以管理」的外部因素。

在經營上可以直接管理的項目，第一是在獲得新客戶，以及維護與培養現有客戶上進行投資。第二，則是為了實現上述第一項的產品開發（改良、強化）、製造、販售，以及為了持續提供產品所需的運作機制，包含組織管理、人力資源、教育與組織日常運作。圖表頂端構面的粗框區域，如同由上自下的箭頭所示，目標在於透過實踐這些措施來增加銷售。

然而在大多數的狀況中，僅有圖表頂端與底端的構面被視覺化與數值化，而串聯二者、客戶本身變化之間的關係性則未被視覺化。即使是資料管理日益發展的網購（郵購）與直銷類型的企業組織，如同圖2-3所示，也只捕捉到客戶行動的三個小框框：客戶數×單次消費金額×消費頻率。並未考量行動背後的原因，也就是客戶心理。此外，在許多情況下，僅有負責相關的部門關注圖表頂端的管理標的，那麼管理標的由各別部門或職能分工單獨管理，將導致組織垂直結構的部門和職能分工的「孤島化」問題。

針對前述可以直接管理的管理標的「獲得新客戶」，以及「維護與培養現有客戶」、支持該投資的「商品開發、製造、銷售」，以及實踐上述目的「組織管理、人力資源、教育、日常運作」的投資，以變動費用＋固定費用，亦即財務表現上的「費用」項目呈現。

擴大銷售額的投資與削減費用的討論很容易流於分別進行。然而，如果能夠確定在實現銷售額最大化上，哪種方法具有最高的投資報酬率的話，就可能減少其他投資，從而降低成本。這兩種討論其實是一體兩面。

費用變化也取決於難以管理的外部因素

再看一次圖表頂端的管理標的構面。如同已經說明的，可以透過營運加以管理的是「可以直接管理」項目，也有「難以管理」的外部因素：競爭對手或替代產品的動向，社會環境或價值觀的變化等。後者可以列舉社會近來對於SDGs議題的高度關注，或是因新冠肺炎疫情所造成的價值觀轉變等例子。隨著新社會環境與價值觀的擴散，影響了一直以來作為管理標的的投資活動或產品開發、投資效率會產生變化，結果是費用也增加了。

若競爭對手開始銷售廉價商品，則公司為了保持競爭力不得不調降自家產品的價格，或花費較預期更多的行銷費用。如此一來，投資效率便降低了，會導致成本不斷增加。若因新冠肺炎疫情客戶無法外出，以客戶外出為前提所展開的對產品投資活動將會受到影響，成本費用也會改變。換言之，在經營活動管理標的（圖表頂端粗框範圍）上的投資，不會直接成為「變動費用＋固定費用」，而是如同右側由上至下的箭頭所示，受到難以管理的外部因素影響而變動。

正因難以管理，盡快理解外部因素對客戶的心理與行動會產生何種影響非常重要。

最大的黑箱便是客戶心理

至此為止，我們已經用一張圖解釋了管理標的與財務表現之間的關係。現在，我將解釋阻礙客戶中心經營管理的最大原因，即「客戶心理變成黑箱化」及其負面影響。

上一節曾提到，從管理標的到財務表現，所有構面都應該與客戶心理和行為連結。理想的流程如圖2-4由上到下的箭頭依序所示：

①經營管理上，投資管理標的「獲得新客戶」與「維護與培養現有客戶」，傳達給客戶

②客戶的心理產生變化

圖2-4　客戶中心的經營結構（續）

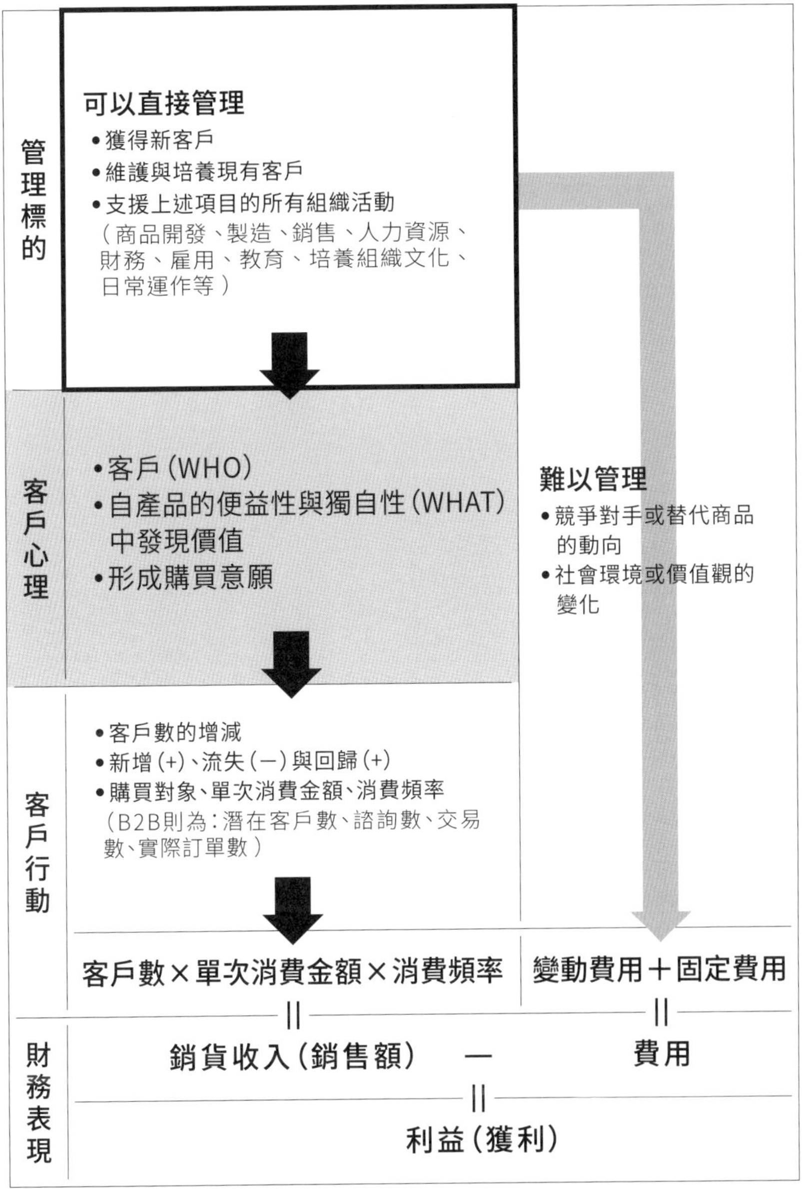

③購買行動產生變化

④藉此優化投資報酬率並提升收益（獲利能力）

所有對銷售額有貢獻的客戶行動都不是偶然，而是客戶心理變化所導致的必然結果。

客戶透過認知商品的功能、特徵與形象，認識到對於本身而言的便益性與獨特性，判斷商品價值，形成購買意願，到最終採取購買行動。客戶若未認識到產品對自己本身的便益性便不會形成購買意願，也不會產生購買行動。此外，即使客戶認知到便益性，若認識到同時存在著可替代性（該產品不具獨特性），應該就會持續購買競品。

藉由將客戶心理與行動之間的關係加以視覺化，並在經營管理上與組織內部執行，可以提高管理標的的投資報酬率、提升獲利能力。如同圖2-5，當客戶心理的構面黑箱化，在看不見客戶心理與行動之間關係性的狀態下所進行的投資，可說是徒然期待客戶行動有所改變而盲目投資，可以說唯有成本會確實增加。在先前的例子中，假設就算透過二〇%折扣達成了銷售目標，也不知道是否應該就為此而高興。若銷售額增加是源於現有客戶將未來的訂單提前，則下一年度的銷售狀況將更加嚴峻；如果銷售額增加是源自於新客戶的訂單，且他們將二〇%的折扣變成標準價格，則銷售可能無法長期持續。

連結管理標的與財務表現的因果關係，透過將客戶心理與行動加以視覺化，首度可以更清楚增

圖2-5　客戶中心的經營結構：黑箱化的客戶心理

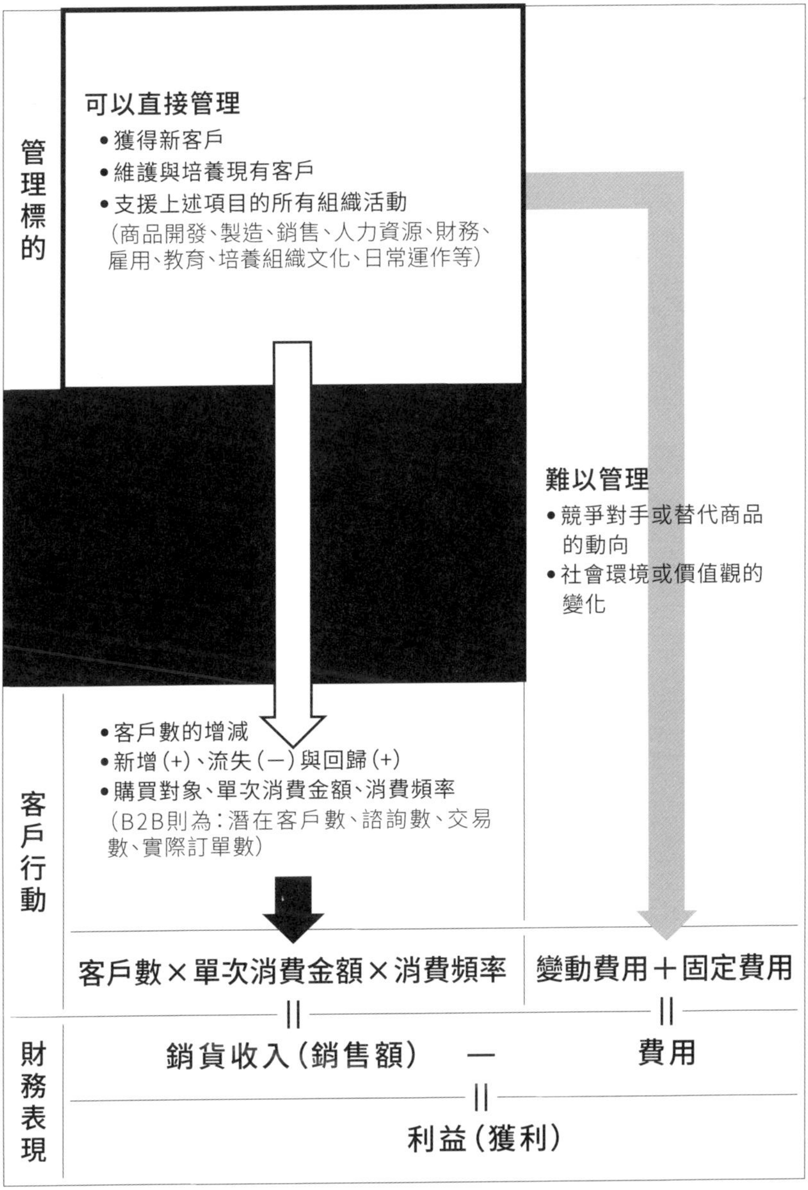
管理標的
可以直接管理
•獲得新客戶
•維護與培養現有客戶
•支援上述項目的所有組織活動
（商品開發、製造、銷售、人力資源、財務、雇用、教育、培養組織文化、日常運作等）
難以管理
•競爭對手或替代商品的動向
•社會環境或價值觀的變化
客戶行動
•客戶數的增減
•新增（+）、流失（−）與回歸（+）
•購買對象、單次消費金額、消費頻率
（B2B則為：潛在客戶數、諮詢數、交易數、實際訂單數）
客戶數×單次消費金額×消費頻率
變動費用＋固定費用
財務表現
銷貨收入（銷售額）　—　費用
利益（獲利）

圖2-6　客戶中心的經營結構：客戶心理受到財務表現的影響

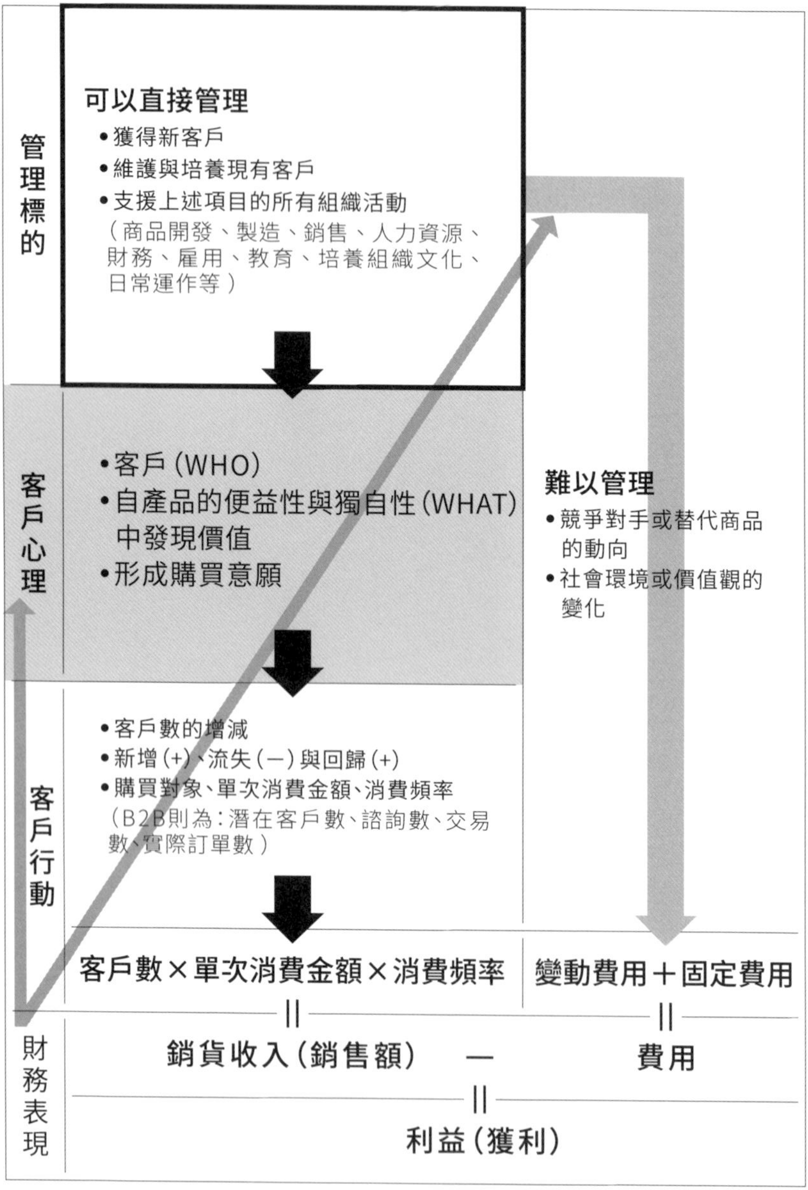

加銷售額所應投資的優先順序，以及為了降低成本必須削減的投資項目，從而可能持續提升獲利。

經營管理隨客戶而持續不斷變化

接下來，我將在此一框架下，依據時間軸介紹在市場中會發生的事。請注意圖2-6的左下角，從財務表現連接到客戶心理、以及連到難以管理的外部因素構面的細箭頭。

當經營管理依據由上而下的箭頭，改變客戶心理、改變客戶行動並提升財務表現時，其實應該聚焦的是客戶心理本身的變化。

例如，當自家產品大量銷售而變得隨處可見時，許多客戶會產生「這是理所當然的產品」的心理狀態。若相同的競品追隨進入市場，將會稀釋獨特性，對於客戶而言自家產品的價值將更為低落。換言之，即商品化後價格競爭力降低。

另外，若某種產品供不應求，稀缺性就會增加，進而改變客戶心理，增加顧客在產品中所發現的價值。之後若有更多競爭者進入市場，出現供給過剩，便會發生相反的變化。客戶心理也會受到客戶行動，以及隨之而來財務表現影響而持續不斷變化。

掌握包含客戶心理在內的經營管理全貌

而且，難以管理的外部管理標的之變化，也會對可以直接管理的管理標的、客戶心理、客戶行動產生影響。這是在圖2-7的右側，添加了三個斜線圖樣箭頭的部分。

例如，過去使用石化燃料內燃機的汽車產業，掌握了世界上的多數客戶心理，改變了許多客戶行動，使客戶大量購買汽車，產出了巨量的財務績效。然而，對於「應該降低使用石化燃料所導致的二氧化碳排放」等社會環境問題的價值觀轉變，目前「電動車比較好」的價值觀正日漸普及。因此，至今為止的管理標的產生重大變化，投資內容也被迫必須改變。

未來，若對環保議題的關注擴散到整個社會，或許「甚至電動車也不夠環保，利用大眾運輸工具、腳踏車或步行更好」，或再進一步「應該減少不必要的移動」的價值觀會占上風。

如同這樣，經營管理會透過各式各樣的投資，對客戶心理與行動產生影響，而在獲得財務表現的同時，也會受到其結果的影響。本書提出「客戶中心的經營管理改革」，是將商業運作視為「管理標的」、「客戶心理」、「客戶行動」、「財務表現」的因果關係與相互作用的連鎖變化，換言之以動態加以掌握，將整體加以視覺化並管理，以實現提升組織整體投資報酬率＝提升獲利能力的目標。將難以管理的外部因素納入考量，執行持續提升整體管理成果的投資最適化，這可說是實現具備可持續性「提升獲利能力」的經營管理。

圖2-7 客戶中心的經營結構：客戶心理受到市場環境的影響

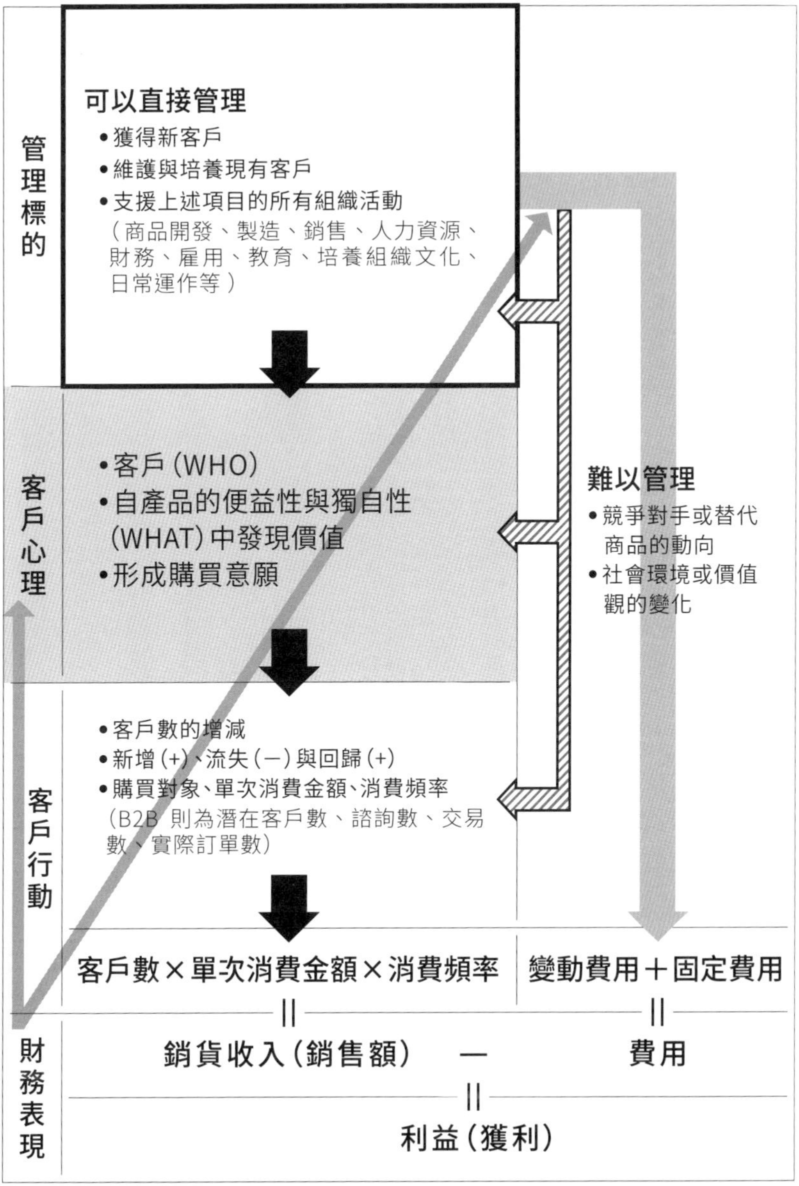

2-2 運用「客戶中心的經營結構」

何謂經營管理的理想狀態？

利用「客戶中心的經營結構」架構，我們說明了「客戶心理」黑箱化而成為在經營管理上看不見的構面，以及因此導致在架構上層的「管理標的」與下層的「財務表現」兩構面之間，遺漏了客戶心理與行動的理解問題。

自圖2-8的圖表上層開始，將依序說明各構面的理想狀態。

1 管理標的：經營管理標的有各式各樣的投資活動，以及將支援這些投資行為的組織活動視覺化並加以管理。同時，由於可以討論每項活動將為客戶心理帶來何種變化，以及如何連動到客戶行動變化，所以也能了解投資效率。當財務表現發生變化時，藉由重新檢視客戶心理與行動，能夠判斷哪些「管理標的」應該優先投資，哪些應該削減。由於優先順位十分明確，也能夠針對變動費用與固定費用進行優化管理。在組織內部建立關於本架構的共識，由於各項業務負責人與組織整體之間的連結可以被討論，就能夠形成一體化的組織。

2 客戶心理：「客戶心理」是改變客戶行為的因素，換言之，在經營管理層面上將「為什麼出現這種行為」（WHY）加以視覺化，並作為討論議題加以管理。

3 客戶行動：在評估財務表現之前，將構成銷售額的三項組成要素「客戶數×單次消費金額×消費頻率」加以視覺化，當成經營管理指標之用。

4 財務表現：經營管理階層與投資人將「財務表現」及其詳盡細目：「損益表」、「資產負債表」、「現金流量表」視為指標。此外，會使用將財務數字加以計算後的各項指標進行分析。

跨部門橫向協調的必要性

總括來說，在許多企業中，驅動「客戶行動」的「客戶心理」黑箱化，除了財務表現與管理標的（＝變動費用與固定費用的分類項目）之間的關係性外，未見其他。因此，各部門與業務負責人僅專注於履行各自職能或扮演各自的角色，組織因垂直分工而孤島化，成為業務成長的障礙。

轉型為客戶中心經營管理的組織中，以客戶理解為橫向連結推動扁平化，客戶中心的思維方式

圖2-8　客戶中心的經營結構（續）

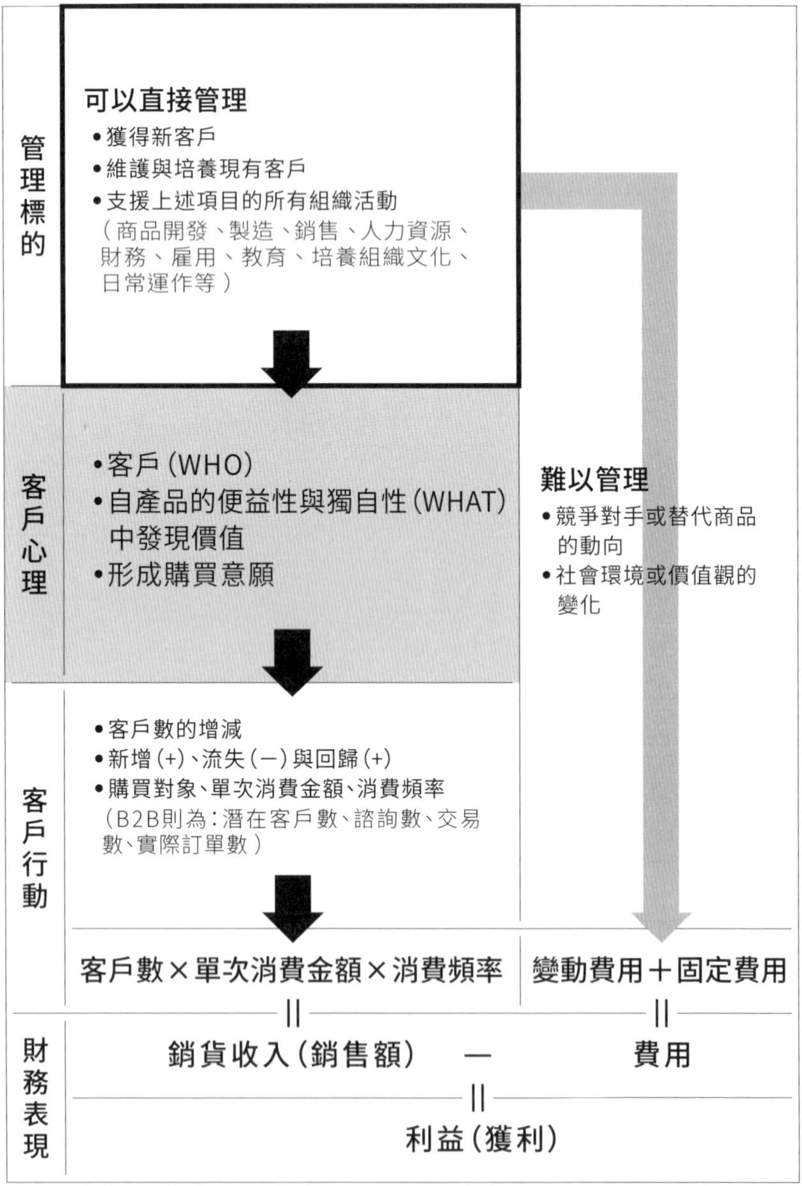

與指標逐漸擴散滲透到整體組織。各部門與業務負責人直面客戶的心理與行動的變化來推動業務，進而帶動其成長。

在接下來的章節中，我將介紹深化客戶理解、組織內部橫向協調通暢的事例。在下一章中，則針對以客戶與自家產品的關係性來掌握黑箱化客戶心理，並找出經營管理的投資活動最適化方案的客戶策略（WHO&WHAT）加以說明。掌握客戶認同自家產品便益性與獨特性的價值，以客戶（WHO）與自家產品（WHAT）組合的方式來定義值得投資的價值創造方案。透過了解客戶心理並將其轉換為客戶策略，藉此能夠發現持續提高獲利能力、真正的投資策略。

第2章總整理

- 企業無法直接操縱客戶的手腳（行動）。在採取行動之前必然有心理變化，這是一種認知、價值觀、潛意識需求產生變化的進程。結果最終會導致形於外的客戶行動。
- 藉由將客戶心理與行動之間的關係性加以視覺化，並在經營管理上與組織內部加以執行，可以提高投資報酬率、提升獲利能力。在看不見客戶心理與行動之間關係性的狀態下所進行的投資，可說是徒然期待客戶行動有所改變的盲目投資，可以確定唯有成本會不斷累積增加。

● 轉型為客戶中心經營管理的組織中，以客戶理解為橫向連結推動扁平化，客戶中心的思維方式與指標逐漸擴散滲透到整體組織。各部門與業務負責人直面客戶的心理與行動的變化來推動業務，進而帶動成長。

第 3 章

基礎篇

規畫產出收益的「客戶策略」：掌握客戶多樣性

提高經營管理投資報酬率的主要先決條件在於，
對客戶進行適當分類並掌握多樣性。
在本章中，我將針對「客戶策略」的架構加以說明。
此架構能針對多元客戶組成的市場整體進行分類，
並將每個客戶與其在產品中發現高價值的便益性
與獨特性組合起來。

3-1 客戶分類：TAM客戶數、五區間

管理標的存在於單一個人與不特定多數之間

在第一章中，我曾說明「大眾思維病」。在經營管理上應該引以為目標的投資最適化客戶策略（WHO&WHAT），總是存在於「一對一」與「一對大眾」之間（圖3-1）。一對一是產品為顧客提供最大價值的起點。

向某人提出某種建議並創造價值是商業的基礎，應該沒有人會否定此重要性。然而，如前所述，在從面對客戶的產品導入期與創業期的一對一模式，到逐漸邁入業務與組織擴張期的過程中，客戶轉變為由銷售額或人數總數或平均值所代表的不特定多數大眾，客戶理解變得模糊不清、投資報酬率下降。

這就是看不見客戶的狀態，也是第二章解說、客戶中心的經營結構架構中的「客戶心理黑箱化」。

在只被視為總數與平均值的不特定多數客戶群之中，有多少人已經購買了自家產品？為了什麼原因而購買？又有多少人是尚未購買，但未來可能購買？購買的理由何在？另一方面，有多少人是可能購買的客戶？該怎麼做才能讓他們購買？又有多少曾經購買過一次但不再購買，換言之成為流失客戶？流失的理由何在？若無法回答上述這些問題，希望透過經營管理（HOW）提高獲利能力非常困難，這一點不言而喻。

接下來，我將說明最基本的客戶分類。即如何將不特定多數（大眾）加以分類，以便建立能夠擴展業務的客戶策略。

TAM客戶數：不特定多數的客戶群分類

首先應該著手的，是自家產品目標市場整體的客戶分類。定義目標市場、將市場內的客戶加以適當分類，並掌

圖3-1　經營管理的投資效益目標：在一對一與一對大眾之間（續）

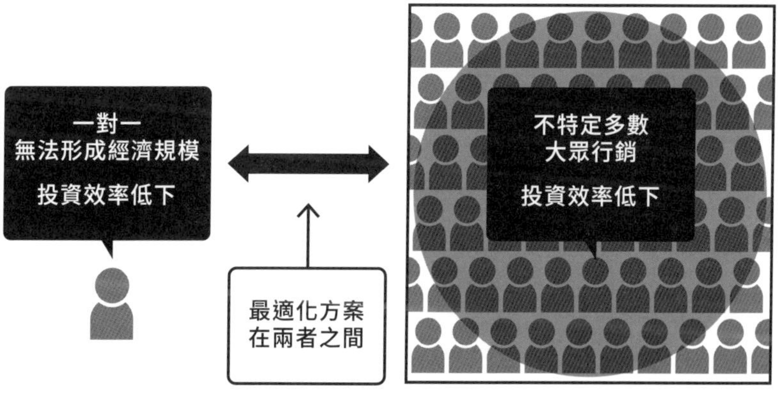

握組成的多樣性。

這一連串過程中的第一步，便是定義自家產品的目標市場。此處所稱的「目標市場的整體客戶數」，指的不僅是目前購入產品者。自家產品的現有客戶當然是整體客戶數的其中一部分，還包含希望成為未來客戶、但目前尚未認識自家產品的潛在客戶。在新創企業領域，為了掌握市場狀況，會使用表示整體市場銷售額數字的「ＴＡＭ」（Total Addressable Market），但本書所使用的並非銷售額（金額），而是客戶數（人數）。以下在本書中，將以「ＴＡＭ客戶數」表示當某項產品獲得一〇〇％市占率時的客戶總數（人數）。

採用客戶數而非銷售額的理由，在於貫徹客戶中心，並避免無益的投資。銷售額雖然等於「客戶數」×「單次消費金額」×「消費頻率」，但單次消費金額與消費頻率是由客戶決定的。換言之，若要透過提高單次消費金額與消費頻率來提升銷售額，最終除了改變客戶的心理與行動以外別無他法。優良客戶的單次消費金額與消費頻率會增加，一次性客戶則會降低。換言之，若僅檢視相乘計算得出的銷售額，將變得無視於自家產品所產出的客戶價值。這與在競逐財報數字的經營管理中，產生客戶黑箱化狀況的理由是相同的。若僅僅追逐ＴＡＭ的銷售額，公司將更不會意識到客戶的存在。

即使自家公司內部毫無數據資料，也可以進行ＴＡＭ客戶數的概略試算。例如，以「①所有十八～六十九歲的女性」為目標市場的基礎化妝品，若參考日本總務省的人口統計該數目為四千萬人，則該產品的TAM客戶數為「四千萬人」。假設該基礎保養品得到百分之百的市占率，那麼客戶數為四千萬人。

即使年齡組別相同，但若目標市場客戶的定義是「②有使用基礎保養品的習慣且認為『自己屬於敏感肌』者」或「③強烈希望改善斑點與皺紋者」，則TAM客戶數需要更進一步收攏。此時，使用網路搜尋可以找到的參考文獻，或者透過簡單的網路問卷調查確認該年齡族群中②與③所占的比率，用四千萬人乘上該比率即可得出TAM客戶數。

假設自認為「敏感肌」的人所占比率為兩成，則四千萬人×〇・二＝八百萬人。即使不依據年齡或性別，而以價值觀為分類標準來定義客戶的狀況下，若能夠透過調查掌握該客戶群在一般大眾中所占比率，也能夠推估大概的數字。這些資訊，即使在B2B的領域中，使用網路搜尋也能夠找到，大家最初不要過於在意精準度，先行定義TAM客戶數即可。

若問為何有必要定義客戶與掌握TAM客戶數，是因為根據①或②或③等對於目標市場的不同定義方式，所預估的未來銷貨額或客戶數、可能的競品，以及客戶心理將完全不同。當然，在經營管理上所應該採取的「策略」也相異。

此處如何定義客戶沒有正解，而是對所謂的經營者而言，想要在哪裡創造價值的經營決策問題。假設雖然設定以「敏感肌者」為目標市場，但實際上卻有許多「與定義不同的客戶群」購買該產品的話，則處理經營決策與現實之間的落差時，必須要調整投資標的。又或是在實際上購買該產品的「不同客戶群」身上，發現更大幅度成長的可能性而變更目標市場，只要更動經營決策上的「目標市場」定義，重新計算出TAM客戶數即可。TAM定義的擴張，便是代表創造客戶。

五區間：所有市場都能分類為五種客群

接下來，我將針對視客戶為動態的目標市場基本分類「五區間」加以說明。這是將TAM客戶數區隔為五個類別的結果。

任何業種事業或產品的TAM客戶數皆可區分為五區間。根據三提問：①是否知道、②是否有購買經驗，③購買頻率，能區隔成五個類別：「未認知客戶」、「已認知卻未購買客戶」、「流失客戶」、「一般客戶」、「忠實客戶」。例如，認識產品但沒有購買經驗者為「已認知卻未購買客戶」，有購買經驗但目前並未購買者為「流失客戶」。此外，現狀為以一定頻率持續購買的現有客戶為：「一般客戶」或「忠實客戶」，兩者的區分基準在於相應於產品特性或使用習慣，可透過「每年購買者」、「每月使用者」等頻率差異加以定義。

五區間如圖3-2的金字塔圖形表示。在多數企業中，未認知客戶人數最多，大家的目標是將這個分類的客戶群往上方的其他分類推升。

在此分類下，若能夠定義並推估 TAM客戶數的總數，便可以計算各部門的估計人數。例如

圖3-2　五區間

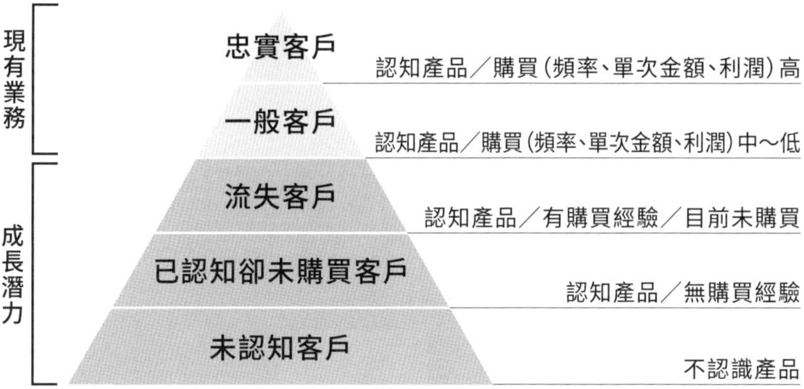

前述以「①所有十八～六十九歲的女性」為目標市場的基礎保養品，TAM客戶數為四千萬人。以此為前提進行網路問卷調查，若統計母體四千人中，有三千人針對「是否知道產品／是否有購買經驗／購買頻率」的提問回答「不認識」，則可以推估未認知客戶為三千萬人（TAM客戶數的七五％）。當我們將每兩個月購買一次者定義為忠實客戶時，若在由四千人的受訪者中有四十人（一％），則可以推估忠實客戶的實際人數為四十萬人。

在B2C的營運模式下，各區間的客戶人數雖然可以如同上述利用量化問卷調查加以掌握，但在不適合進行調查的B2B或小規模組織的狀況下，也有其他的方法可以估計客戶數。若使用透過自家經營實績所掌握到的企業客戶數、政府機關或外部第三方組織所公布的業務類別市場規模數據、企業組織名單等，就能夠以概略數字完成五區間分類。若沒有數字，也可以憑此推測。

在任何企業中，以客戶數（企業客戶數）來定義並掌握自家產品的整體市場，並依據客戶與自家產品之間的關係區隔為五區間，是最低限度的客戶分類。而在組織內部建立五區間客戶分類的共識，並打造經營管理的基礎，成為凝聚多個組織的橫向串聯。粗略估計也無妨，希望各位讀者計算出相關數字並建立五區間分類。

若以TAM客戶數為一〇〇%，自家產品的認知度如何？忠實客戶與一般客戶的比率又是多少？客戶流失的發生率如何等，這些回答若在組織內部沒有達成共識也沒關係。首先，試著以推估的數字建立五區間分類，若出現意見不合的狀況，了解認知差異何在非常重要。建立五區間分類，是在經營管理與組織角度上深化客戶理解的第一步。

3-2 「客戶策略」架構

客戶策略的目的

從這一節開始，我們將解說客戶策略，這是客戶中心經營管理改革的核心。

即使就企業觀點而言，認為「自家產品已提供了便益性與獨特性」，客戶若未將其視為對自己而言的便益性，相對於其他競品或替代手段也看不出獨特性的話，「價值」在該客戶與自家產品的組合中便無法成立。從而就無法形成一個可以產出收益、有利可圖的策略。很遺憾地，這是典型的、基於產品中心的假設，這無非是對客戶的「單相思」罷了。

客戶策略的目的，在於引導五區間分類中的客戶，持續購買自家產品，並不斷提高獲利能力。

圖3-3　便益性與獨特性的四象限圖

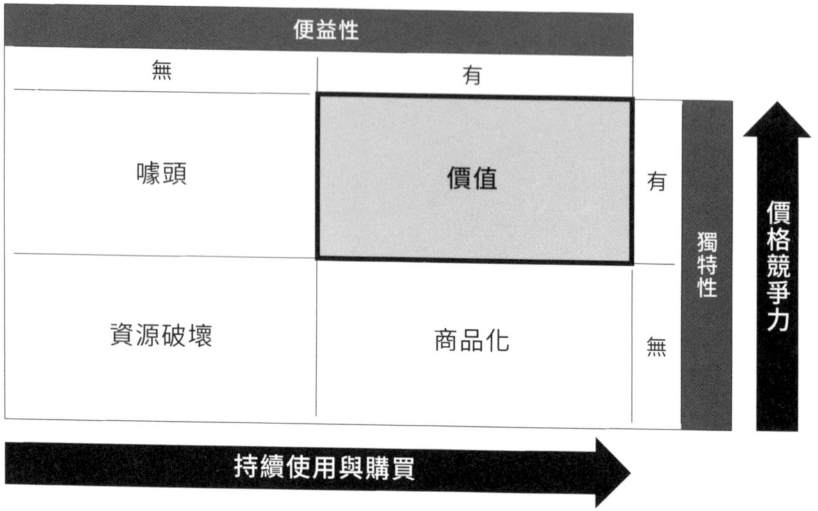

產品提供便益性與獨特性

如前述，客戶策略是自家產品提供的便益性與獨特性，與客戶從中發現的「價值」組合。為了能夠正確理解客戶策略，在此先行闡明便益性與獨特性所代表的意涵。

所謂便益性，指的是商品或服務「解決某項問題、便利、美味、愉快」等，而客戶得到的是具體的利益、便利性與快樂。另一方面，所謂獨特性，則是該產品特有的、獨一無二的特徵，也稱之為不可替代性。管理學者麥可・波特（Michael Porter）曾言「策略的本質便是開創自己獨特的道路」（《哈佛商業評論訪談》二〇一一年），若缺乏獨特性，自家產品將被淹沒在競品或代替品中。

企業在提案產品時，唯有當客戶從中發現便

益性與獨特性兩者兼備，價值才得以成立。這兩個特性的有無及組合，可用圖3-3所示的四象限圖來表現。若獨特性弱但便益性強，則雖然可以獲得一定程度的市占率，但被拿來與競品比較而（無特色）商品化，價格戰將無可避免（右下象限）。另一方面，若便益性弱，但成分、製造方法、命名或包裝等十分特殊而僅僅具有獨特性，便不過是噱頭，銷售額將如曇花一現、客戶將會流失（左上象限）。若兩者皆無，則在產品開發上耗費了時間與成本，卻無法對任何人產生任何價值，可以說是資源破壞（左下象限）。

當然，應該當成目標，換句話說，就是能夠創造強大的「價值」，在右上象限。在此種狀況下，需要投注在銷售的手段手法（HOW）上的投資負擔較少。因為產品的認知度會從認同高「價值」的客戶開始，逐漸擴散到潛在的多數客戶群中。針對希望成為客戶者，可以透過磨練自家商品所提供的便益性與獨特性，並精準正確地傳達對方、使其體驗這些便益性與獨特性，在與客戶之間便能夠產出高「價值」。結果能夠避免因（無特色）商品化所導致的價格戰，實現持續購買的目標。

客戶策略是向誰提供什麼能夠產生「價值」

所謂的客戶策略也可說是在經營管理上應該追求的投資策略。闡明產出價值的客戶策略，在組織內部跨部門的建立共識，如此一來，能為組織整體活動帶來一致性與效率性的「客戶中心經營管

圖3-4　Smart News 客戶戰略的便益性與獨特性

客戶策略❶	
	WHO：外食的上班族、學生、家庭主婦 WHAT：可以讓午餐變得更划算的麥當勞或Gusto優惠券
	便益性：以當天可使用的優惠券吃到便宜午餐 獨特性：只要單一APP便可網羅大型公司的最新優惠券

理」成為可能。

介紹我過去曾參與並實際推動SmartNews業務成長的部分客戶策略。我們在二〇一八年實施了以下針對便益性與獨特性的客戶策略。

SmartNews以TAM客戶數所思考的目標市場，是「持有智慧型手機的十～六十世代男女」，總數超過八千萬人。為了擴大客戶群而實施的客戶策略，是針對「外食的上班族、學生、家庭主婦」（WHO），提供「可以讓午餐變得更划算的麥當勞或Gusto優惠券」（WHAT），其便益性為「以當天可使用的優惠券吃到便宜午餐」，獨特性則在於「只要單一APP便可網羅大型公司的最新優惠券」。若在今天，各式各樣的APP都開始提供相同的優惠券，獨特性已轉弱；但在當時專屬於SmartNews的獨特性，創造了極高的價值（圖3-4）。

由於可從上述便益性與獨特性發現價值的客戶，判斷約占TAM客戶數八千萬人的半數左右，所以加以大力宣傳推廣。因當時宣傳火力也包含電視廣告，或許部分讀者還有印象，這項策略為外食者創造了巨大價值。但是，對於不喜外食者，無法產出任何「價值」。

換言之，並非是產品所提出的便益性與獨特性具有任何價值，而是與針對便益性與獨特性的提案，能夠從中找出價值的客戶組合本身才是策略所在。如此，業務成長取決於能夠辨識並加以實現的、讓多數客戶可從中發現價值的便益性與獨自性的組合（圖3-5）。

聽起來或許簡單，但透過建立客戶戰略，不僅是SmartNews，在我們合作過的其他企業也都實現了業務持續成長的目標。另一方面，依然模糊不清的客戶策略卻導致了許多失敗。

問題出在過度專注於「手段方法」

為何會出現公司客戶策略的ＷＨＯ與ＷＨＡＴ仍

圖3-5　客戶策略

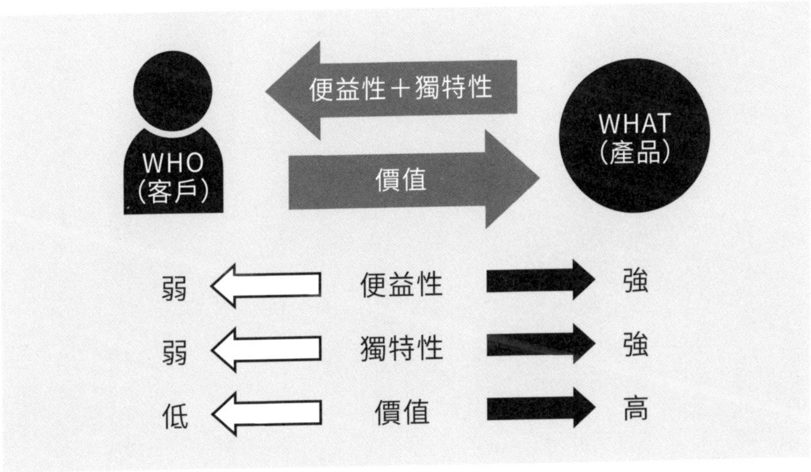

模糊不清，卻專注並持續投資在手段方法（HOW）上的事態？理由在於，手段方法的討論單純、易於付諸執行，且選項豐富。若某種方法沒有效果，改為投資其他手段很容易。即使客戶定位不明，又或是自家產品應該提供的便益性與獨特性模稜兩可，但對於下一階段的商品開發、新的促銷推廣、追加銷售活動、流行的行銷方案等手段方法，卻是可以立刻投資的。

各式手段方法如雨後春筍般不斷開發與推出，若不加緊著手，可能就會感覺自己落後了。以蔚為風潮的數位轉型（DX）為代表，即使在公司內部導入了各式各樣的數位模組或系統，卻未看出明確的成果，只聞第一線現場傳來「難以靈活操作運用」、「沒有效果」的聲音。結果，卻在忽略「該對何種客戶提供什麼，才能夠產出高價值」的狀態下，投注在手段方法上的投資和勞力等資源不斷積累，工作程序和工作量增加的同時，獲利能力卻難以提升。

提升投資效率的PDCA循環

隨著數位科技的發展，我認為此種趨勢變得越來越明顯，此外大家還產生了誤解，以為利用數位技術的各種方法本身就能夠帶來業務成長。

創造價值的WHO與WHAT的組合，換言之客戶策略即為投資策略，也就是經營管理的基礎。在第二章所介紹的「客戶中心的經營結構」架構與客戶策略的架構是相互串聯的。具體而言如

圖3-6　客戶中心的經營結構與客戶策略的串聯

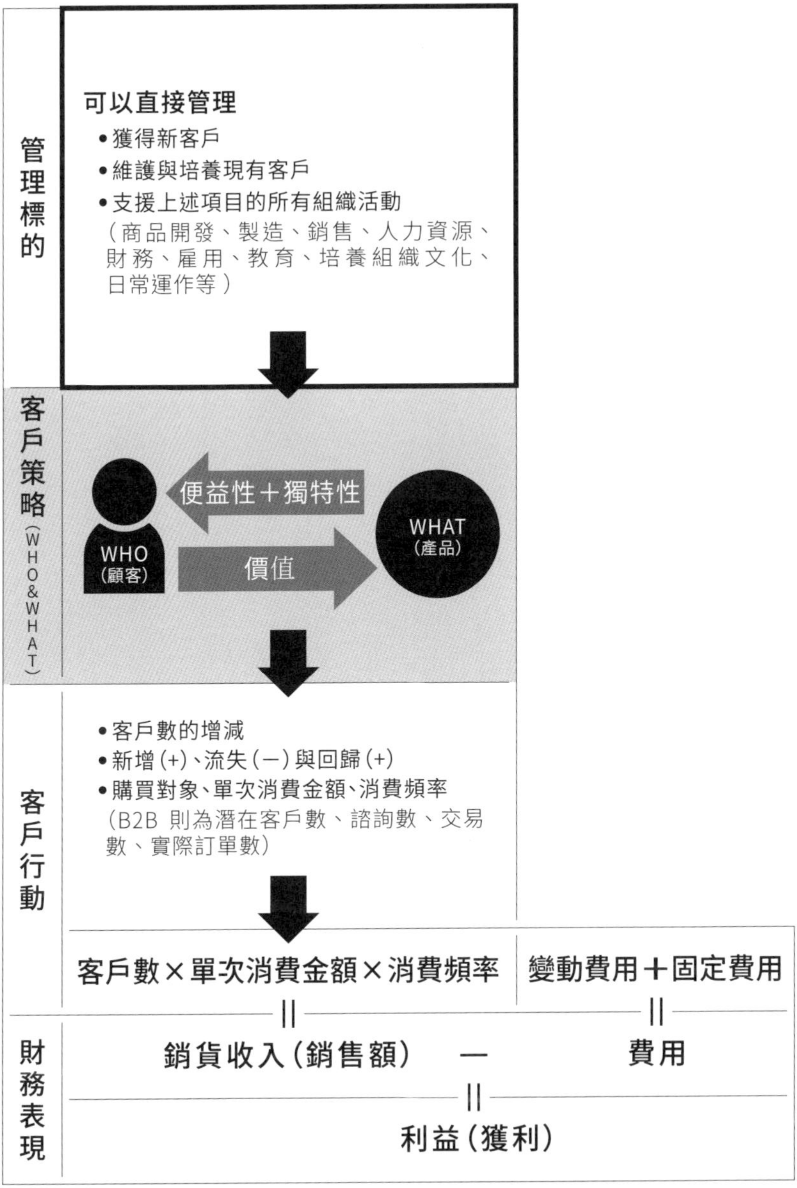
管理標的
可以直接管理
•獲得新客戶
•維護與培養現有客戶
•支援上述項目的所有組織活動
（商品開發、製造、銷售、人力資源、財務、雇用、教育、培養組織文化、日常運作等）
客戶策略（WHO&WHAT）
便益性＋獨特性
WHO
（顧客）
價值
WHAT
（產品）
客戶行動
•客戶數的增減
•新增（+）、流失（–）與回歸（+）
•購買對象、單次消費金額、消費頻率
（B2B 則為潛在客戶數、諮詢數、交易數、實際訂單數）
客戶數×單次消費金額×消費頻率
變動費用＋固定費用
財務表現
銷貨收入（銷售額）
—
費用
利益（獲利）

圖3-6所示，客戶策略可以納入原本對應到客戶心理構面。當客戶從產品的便益性與獨特性中發現價值，形成購買意願，這也代表連結管理標的與財務表現的「客戶策略」得以成立。若在沒有打造出堅實客戶策略的情況下，進行經營管理上的投資，換言之，採用某些方法，無論其財務表現優劣，無論結果成功或失敗，都無法驗證其背後的影響因素。

若投資不順利，失敗的原因可以列舉出無數種：是手段方法的問題，或是搞錯了應該觸及的客戶群，又或是產品的便益性與獨特性本就薄弱等等。由於無法加以驗證，擺在眼前的結果是「實施了某項措施但沒有達到效果」，唯一的應對只能是停止投資。即使錯誤的是客戶策略、但手段方法本身是有效的，卻在該時間點得出了方法有問題的結論，便終止了投資，也無法從中汲取任何學習經驗。

即使假設事情進展順利，由於不知道客戶是誰、為何購買，換言之無法檢視究竟是何種客戶策略成功，因此不具可複製性，無法提升投資效益。雖然明確定義了ＷＨＯ和ＷＨＡＴ，便可以透過各別調整而可能提高接觸客戶的準確性，並增強產品的便益性和獨特性，但若缺乏客戶策略則難以實現。

換言之，若從客戶策略開始規畫，則可在達成管理目標與各種方法手段之間執行ＰＤＣＡ循環，但若缺乏客戶策略就先行推動手段方法，則ＰＤＣＡ便無法改善成果。

從而，在經營管理上所謂的ＰＤＣＡ循環，必須將客戶策略（WHO&WHAT）與實現它們的手

圖3-7　管理標的與客戶策略的串聯

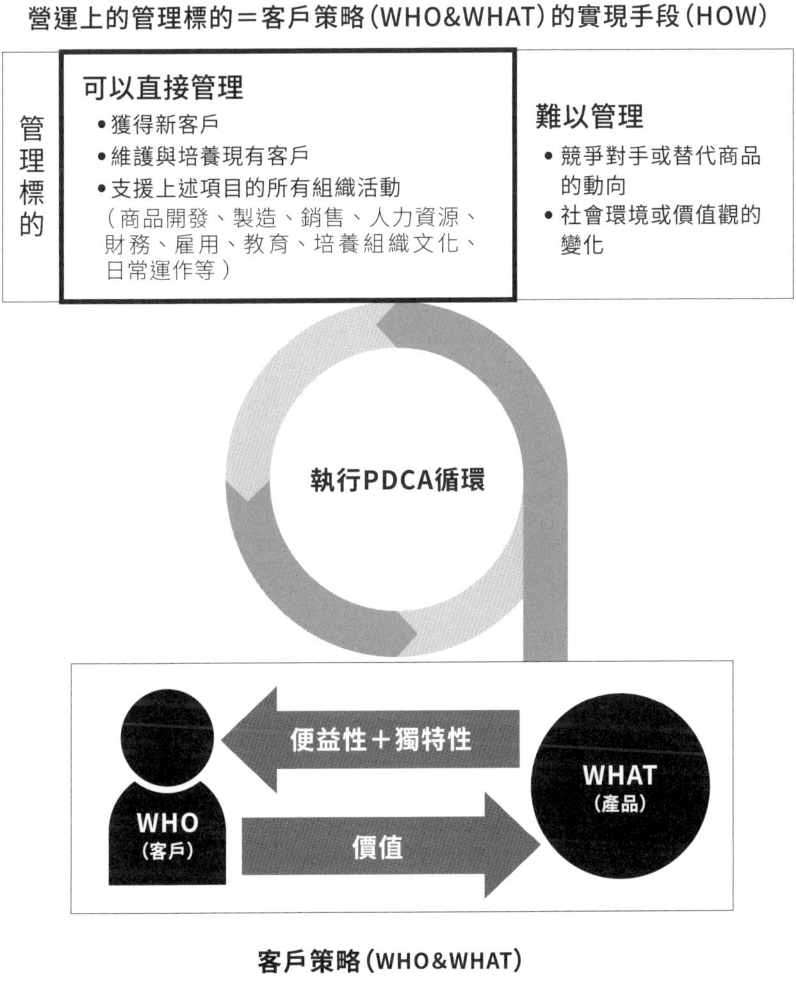
營運上的管理標的＝客戶策略（WHO&WHAT）的實現手段（HOW）
管理標的
可以直接管理
•獲得新客戶
•維護與培養現有客戶
•支援上述項目的所有組織活動
（商品開發、製造、銷售、人力資源、財務、雇用、教育、培養組織文化、日常運作等）
難以管理
•競爭對手或替代商品的動向
•社會環境或價值觀的變化
執行PDCA循環
便益性＋獨特性
WHO
（客戶）
價值
WHAT
（產品）
客戶策略（WHO&WHAT）

段方法（HOW）視為整體評估（圖3-7）。

我們經常聽到「對於商業經營而言，WHY很重要」。我雖然也同意這個說法，不過是因為我認為「為何從事某項事業」問題所叩問的是，該事業是否會為世界創造新的、有意義的價值。自家產品能否提供顧客認同具有價值的便益性和獨特性？換言之，在叩問客戶策略（WHO&WHAT）是否成立，以及該客戶策略是否能為世界創造有意義的價值這層意義上，是至關重要。

客戶策略是一切策略的上位概念

到目前為止，我已經解說了客戶策略的架構，不過這本質並非由我發明。我懷抱著對前輩們的敬意而在此向各位讀者介紹，管理學者杜拉克的洞見「在定義企業與使命及目的時，出發點只有一個。那就是客戶」（《彼得・杜拉克的管理聖經》）（*The Practice of Management*）。此外，波特也提出「競爭的本質並不在於擊潰競爭對手，而在於創造價值」（《簡單讀懂麥可・波特：活用競爭策略必讀經典》（*Understanding Michael Porter: The Essential Guide to Competition and Strategy*）），並強調「策略的目的，並非在於讓所有客戶感到幸福。要制定策略，必須確定目標客戶及需求」（《哈佛商業評論》（*Harvard Business Review*）訪談・二〇一一年）。本書的WHO・WHAT・HOW的概念加上了我自己的詮釋，這是我一九九〇年代在寶僑工作時所開發並在全球各地付諸實踐的。

此外，波特雖然曾重複提及「應該要定義目標客戶及需求」，但實際上也就是定義客戶（WHO），及客戶所認為有價值的產品便益性與獨特性（WHAT）。

在日本，有堪稱「匠人信仰」，這是根深柢固、精益求精的製造文化，也因此實現了昭和時代的經濟成長。時至今日，我仍認為此文化具有值得誇耀的優勢，但另一方面，也覺得大家受到「產品本身具有價值」思維的強烈束縛。只要我們相信產品本身有價值，當在商業競爭中輸掉客戶與市占率時，唯一想到的對策便是「強化產品／追加功能」；即使透過改變推出產品的方式或轉換客群仍有擴大銷售的空間，卻沒有轉化思維的能力。客戶便從視線中消失了。

至此我強調的「向誰提供何種便益性與獨特性，以創造價值」的客戶策略，是包含商品開發策略、販售策略、行銷策略在內，是經營管理上策略討論的上位概念。

組織型態、商品開發策略、販售策略、人力資源策略、生產採購策略，以及行銷與客戶服務，一切都是為了實現新價值，亦即實現客戶策略的手段。若最初客戶策略不明確、且在組織內部並未建立共識，便無法正確地排序客戶及應該向他們提供事物的優先順序。結果導致各部門皆狹隘地專注於各別專業性與職能，組織的垂直分工化、孤島化持續惡化。若在此種狀況下組織持續肥大增生，便無法凝聚團結成整體。儘管這個問題被視為組織議題，但可以透過在組織內部針對客戶策略加以視覺化，並建立共識來解決。

3－3 掌握多種客戶策略

存在多種客戶策略

在至此為止的章節中，我已針對以TAM客戶數來掌握不特定多數的大眾市場，並將其區隔為五分類的方法，以此五分類為基礎，建構持續擴大獲利的客戶策略（WHO&WHAT），以及作為客戶策略實現手段（HOW）與管理標的之間的關係性加以說明。我想各位讀者應該已經理解如何區別一對一和一對大眾之間，以及如何串聯客戶黑箱與管理標的。

在本節中，我將說明下述事實，為了掌握客戶多樣性並擴展事業版圖所應該實踐的客戶策略並非單一，而是同時存在多種。源自於對客戶心理深刻理解的客戶策略，無論在何種行業或業務類型都存在複數類型。

若以客戶中心的經營架構來思考，多種不同的組合都將分別連動到客戶行為，其「客戶數×單次消費金額×消費頻率」的總和便是自家產品的總銷售額。

例如，以經營區域不動產的業者為例。不動產業的HOW&WHAT十分多元，①有養育小孩子的年輕夫婦&郊外的庭園透天厝、②沒有小孩的夫婦&具有鄰近車站便利性的公寓、③孩子離巢的退休夫婦&醫療與生活機能完備的複合型公寓等，透過複數多樣的客戶策略帶來銷售額。假設年度成交的案件為一百件、客戶數一百組，若將客戶與購入物件（產品）之間的組合加以分類，則必然不是一種或一百種，而是由數種到十種不等的不同組合，貢獻了約八〇％的銷售額。也就是所謂的帕雷托法則（Pareto principle，或稱80／20法則）必然成立。

關於此一法則，我已在直接參與的各項企業專案中檢驗過，在一年以上的觀察期間，所有企業都出現了上位集中的情況。而各別企業全體客戶的一～三成，各組成其銷貨額的六～九成。在B2B的營運模式下也相同，以美容室為主要銷售對象的護髮商品的製造銷售業、以辦公室為主要銷售對象的家具銷售業、以建築業為主要銷售對象的重機械租賃業，以及醫院的銷售等各式各樣的產業別中都出現了客戶集中的現象。

換言之，透過洞察上位集中的多種客戶策略，提升相關組合在經營上的優先順位，能夠提升在客戶行動上，如增加客戶數、增加單次消費金額與增加消費頻率上的投資效率。

「特定客戶群」代表的意義

請各位讀者注意圖3-8中，由上往下數來第二個欄位。在至今章節的圖表中，客戶心理，被置換為「複數客戶策略」（WHO&WHAT）。如同此處分別以客戶策略A、B、C來代表，其相對應的客戶族群也不相同。即使理解必須關注客戶心理，但若一律統一看待產品的客戶，就無法理解他們的心理。幾乎沒有任何產品是只被單一種類的客戶群所接受，而能夠取得事業成功。

若客戶層不同，則讓他們起心動念「想要購買」的產品便益性與獨特性也跟著改變。若以車站前的餐飲店為例，若是順路購物的媽媽族群，他們的便益性與獨特性是「即使帶著孩子也能輕鬆入店」，若是在工作移動途中的商務人士，則應該是「可以休息同時稍微工作」。

若客戶策略為複數，則圖表中客戶行動一欄所寫的「客戶數×單次消費金額×消費頻率」，數字便會分別成立。「客戶數×單次消費金額×消費頻率」總數的合算並非客戶中心，而是應該依據每種客戶群的實際狀況分別加以掌握。

即使為了達成銷售額目標而下達「增加客戶數二〇%」的指令，第一線現場也無法依據指令按表操課。因為若無法定義應該視誰為客戶（WHO），便無法決定應該提供何種產品（WHAT）來吸引他們。藉由辨別、確定企業希望成為的客戶，能期待投資效率有所提升。

投資多個客戶策略，將每個各別客戶行為的結果「客戶數量×單次消費金額×消費頻率」相加

圖3-8　客戶中心的經營結構與複數客戶策略

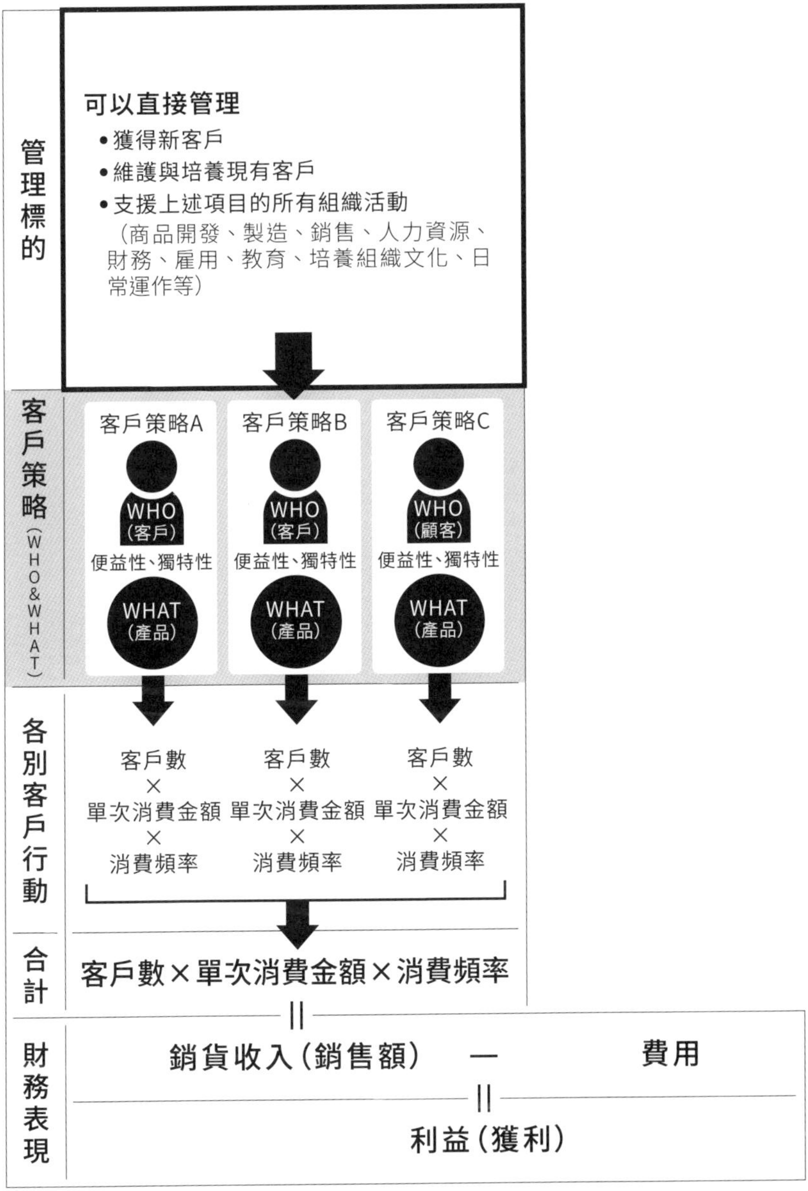
管理標的
可以直接管理
•獲得新客戶
•維護與培養現有客戶
•支援上述項目的所有組織活動
（商品開發、製造、銷售、人力資源、財務、雇用、教育、培養組織文化、日常運作等）
客戶策略（WHO&WHAT）
客戶策略A
WHO（客戶）
便益性、獨特性
WHAT（產品）
客戶策略B
WHO（客戶）
便益性、獨特性
WHAT（產品）
客戶策略C
WHO（顧客）
便益性、獨特性
WHAT（產品）
各別客戶行動
客戶數×單次消費金額×消費頻率
客戶數×單次消費金額×消費頻率
客戶數×單次消費金額×消費頻率
合計
客戶數×單次消費金額×消費頻率
財務表現
銷貨收入（銷售額）　—　費用
利益（獲利）

並與獲利串聯。如同圖3-9所示，對於手段方法（HOW）的投資，也必須根據每個客戶策略的預測來決策。

SmartNews的多種客戶策略

在前一節中，我介紹了SmartNews以優惠券作為客戶策略的範例，其實在同一時期，還依據不同的便益性與獨特性，推動實施了多種客戶策略（WHO&WHAT）（第124頁圖3-10）。

除了客戶策略①的優惠券以外，還同時為客戶策略②與③中提到的不同客戶群，建立且並行了各別客戶群都能從中發現價值的便益性和獨特性的組合。②的「貓頻道」向愛貓人提供了高度「價值」；③的「英語新聞頻道」向有興趣學習英語者產出高度「價值」，這些策略都贏得了不同族群的新客戶。比較這些客戶策略，由於認定策略①的優惠券產品可讓多數客戶群從中發現價值，所以如電視廣告等大規模投資便分配給客戶策略①；而策略②與③，則是透過可以觸及到各別客戶群的數位行銷、以及與貓相關產品和英語教育相關服務的合作等手段，也分別贏得了不同族群的新客戶。

其後，又開發諸如天氣、災害頻道、四十七都府道縣別頻道、影片媒體的預覽頻道等產品（WHAT），並透過與不同性別、年齡與興趣嗜好的客戶群（即WHO）的組合不斷創造新價

圖3-9　客戶中心的經營結構與複數客戶策略

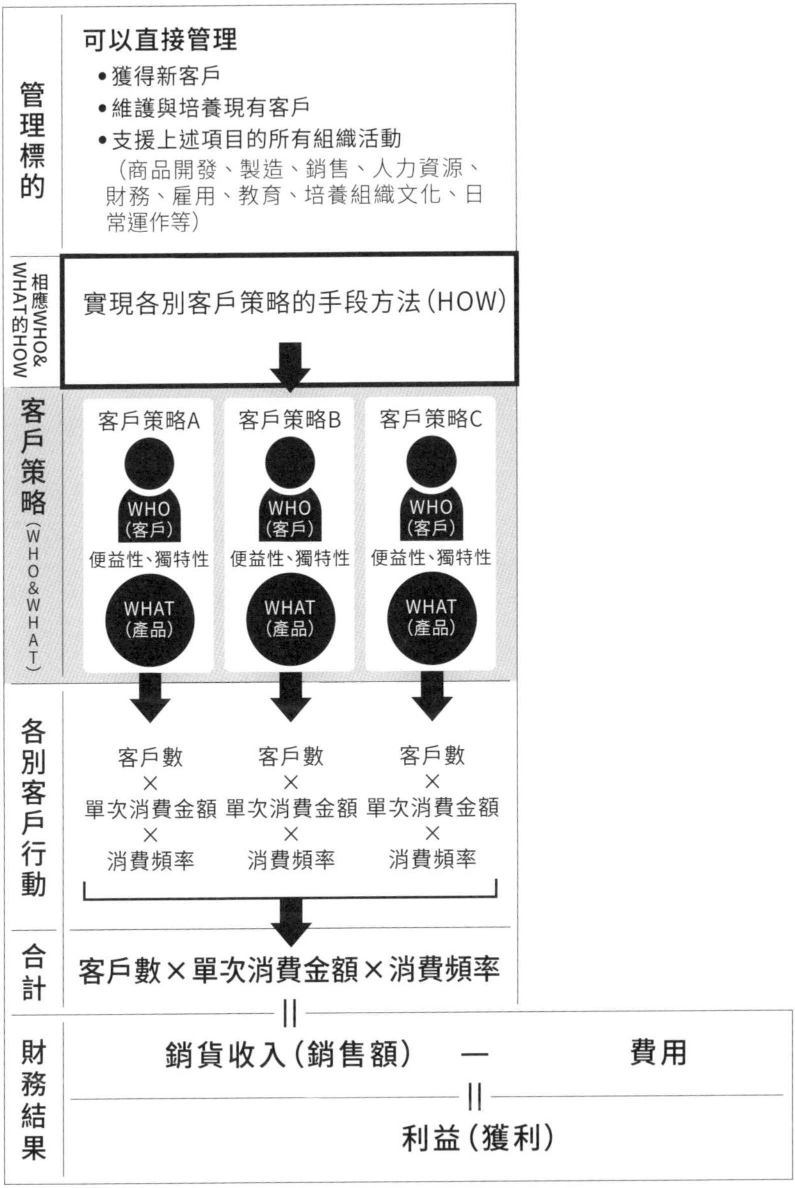
管理標的
可以直接管理
•獲得新客戶
•維護與培養現有客戶
•支援上述項目的所有組織活動
（商品開發、製造、銷售、人力資源、財務、雇用、教育、培養組織文化、日常運作等）
相應WHO&WHAT的HOW
實現各別客戶策略的手段方法（HOW）
客戶策略（WHO&WHAT）
客戶策略A
客戶策略B
客戶策略C
WHO（客戶）
便益性、獨特性
WHAT（產品）
各別客戶行動
客戶數×單次消費金額×消費頻率
合計
客戶數×單次消費金額×消費頻率
財務結果
銷貨收入（銷售額）　—　費用
利益（獲利）

值，贏得新客戶並提高現有客戶的忠誠度（忠實客戶化）。

就這樣，透過不斷實現三到五種的複數客戶策略，並開發和驗證應在次年或後年投入的新客戶策略，得以在成長腳步從未放緩的狀態下，實現持續超過兩年的穩定成長。

經營活動的效果驗證與可複製性：PDCA循環

先前曾經提到，我們必須在客戶政策先行的狀態下評估實現方法手段，否則將無法驗證執行的有效性，也無法運作PDCA循環。此處的重大主題在於可複製性。

若僅僅是掌握與分析反映購買總數的財務數字表現，或只是將購買行動的總數分解為

圖3-10　SmartNews的客戶策略（WHO&WHAT）＋實現手段（HOW）

客戶策略❶	WHO：外食的上班族、學生、家庭主婦 WHAT：可以讓午餐變得更划算的麥當勞或 Gusto 優惠券 HOW：午餐搜尋、電視廣告、參與連鎖店的媒體露出、報紙夾頁文宣（以住在郊外的家庭主婦為主要目標）
客戶策略❷	WHO：愛貓、飼養貓為寵物者、喜歡有趣影片者 WHAT：透過收集可愛貓相關資訊的「貓頻道」，得到療癒 HOW：在貓和寵物相關數位媒體露出、與寵物食品品牌合作
客戶策略❸	WHO：對英語學習有興趣者 WHAT：透過原文的「英語新聞頻道」能夠學習英語 HOW：與英語學習相關的數位媒體或報導露出
客戶策略❹	預覽頻道（一次查看 Netflix、Amazon Prime、ABEMA 等超過 15 萬支以上的影片預告片與摘要介紹） 都府道縣別頻道（查看日本 47 都府道縣的最新區域新聞與超值優惠） 天氣、災害頻道（不僅是每日天氣資訊，還可以即時查看逼近自己所在區域的災害資訊）

「客戶數×單次消費金額×消費頻率」，無法提高投資報酬率。即使這些數值順利增加，也無法理解結果是從何而來、是誰的貢獻，或者是產品的哪些方面受到正面評價，無法擴大此成功經驗。

假設客戶數、單次消費金額或消費頻率降低，則問題將更嚴重。除非能看出是誰導致減少，或是找出產品的哪些方面不受青睞，否則採取的措施只有削減費用，或是以再接再厲為名投入更多人力成本。由於看不見何為優先事項，所以不知道如何辨別應該削減的項目或應該追加勞力的項目，這樣不僅會持續毫無效果的投資，還會削減有效果的投資項目，無法連動到成果的人力更進一步增加，將會損害企業的獲利能力。

若能制定洞察貢獻大部分銷售額的多種客戶策略，並將管理標的視為ＨＯＷ，則與投資和組織相關的管理決策將成為具體的ＷＨＯ（向何種顧客）、ＷＨＡＴ（提供何種商品）與ＨＯＷ（將前述ＷＨＯ與ＷＨＡＴ以何種手段方法加以連結），並且可以加以驗證。

許多企業實施所謂的ＰＤＣＡ（Plan：計畫、Do：執行、Check：檢核、Action：改善行動）循環，例如定期報告會或財務績效審查，客戶開發與業務協商談判進度審核、產品開發會議等。然而，我覺得他們進行的ＰＤＣＡ循環是以投資活動或組織活動的財務績效評估為主體，而且許多時候是在問題未被定義的狀況下進行：最初為了贏得何種客戶，才規畫了相對的什麼方法？又或是透過這些活動企圖訴求或體驗什麼？

聽聞有人說實施ＰＤＣＡ循環卻不見成效。問題的本質在於，僅針對ＨＯＷ進行驗證。透過定義客戶策略，即使它只是一個假設，並在組織內部建立共識，PDCA循環始能健全的維持運作（圖3-11）。

對於作為經營管理活動而進行的投資活動與組織活動（HOW），可以驗證WHO、WHAT的設定是否適當，以及連結兩者的HOW是否適當，這一點十分重要。若能如此，將可具體地看到應該擴展、避免什麼，以及應該加強與改進什麼。

例如，B2B的事業為了增加潛在客戶（洽商業務的潛在客戶），舉辦了一場免費研討會且吸引了客戶。回顧此次為了獲取新客戶而舉辦的活動結果，若不清楚應該吸引什麼客戶（WHO），以及這些客戶會從中發現價值的產品提案或訴求為何，即使成功贏得客戶，也難於識別成功因素，難以複製成功經驗。此外，假設相關舉措失敗了，也難於確定需要做什麼才能夠避免重蹈覆轍。

客戶策略決定投資的優先順序

在制定與實施多重客戶策略（WHO&WHAT）時，投資優先順序可以根據每個客戶策略的特有三因素來決定。

①潛在規模：最大可達成之目標客戶數（最大可獲取客戶數）

圖3-11　針對各別客戶策略的投資與手段方法可以PDCA循環加以驗證

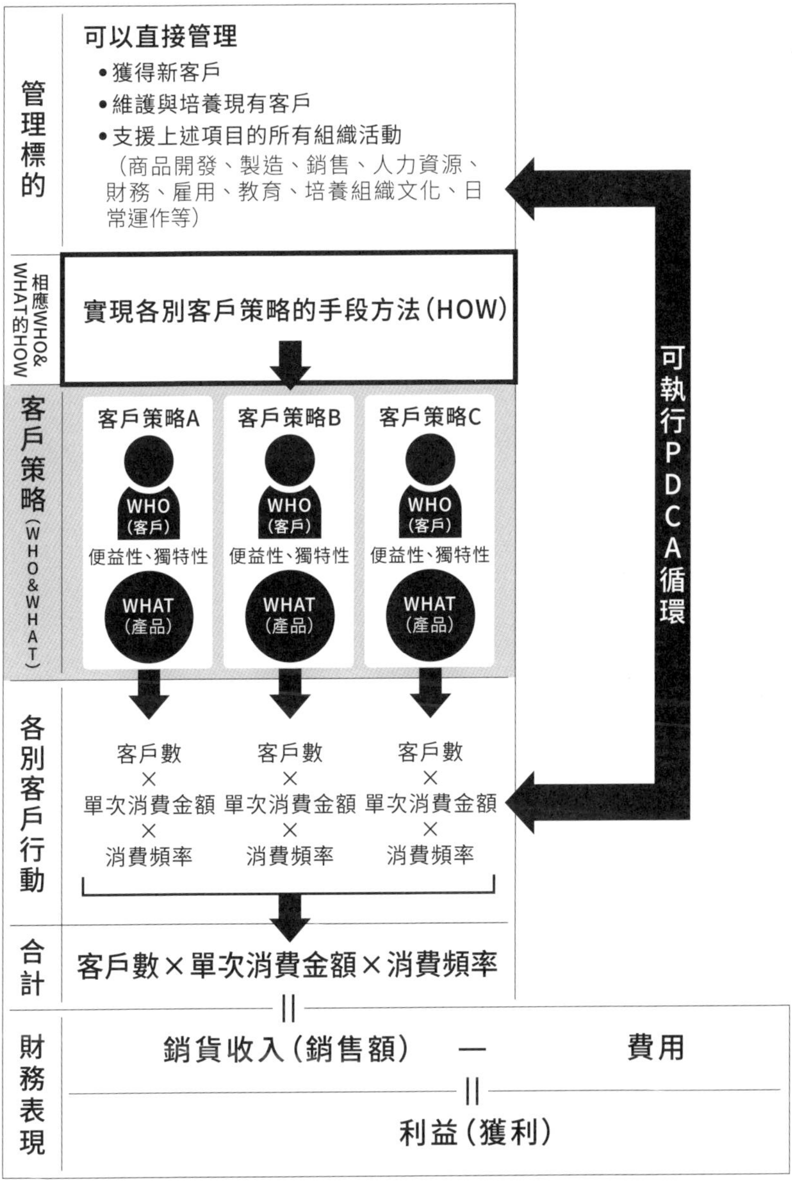

②**客戶終身價值❶與實現速度**：客戶終身價值（LTV）的金額規模大小與實現期間（客戶的獲得效率、短中長期各別的獲利能力）

③**實現可能性**：手段方法（HOW）的存在與可行性

在決定經營管理上的投資策略時，最低限度應該以上述三點來制定單一年度，以及中長期的投資策略。由於複數的客戶策略各別的可達成潛在規模（客戶數的多寡、單次消費金額的高低、消費頻率的高低）與投資效率（實現的機率與所費時間）相異，所以相當於投資回收累計額的LTV也不同，此外，這些項目還取決於實行客戶策略手段方法的存在與可行性。

以下介紹三家中小規模企業的舉措事例。

■案例1 溫泉旅館

這是一家已經經營四十多年的老字號溫泉旅館的例子（圖3-12）。這家旅館的賣點在於地點位於海邊，設有露天溫泉並提供當地食材烹調的菜餚。

在住宿業，入住率依據季節與平假日的不同而有極大差異，預訂時間大多集中在春假與暑假等

❶客戶跟自家公司建立關係開始，在一定期間內所帶來的累計營業額或利潤（Life Time Value）。

圖3-12　案例：溫泉旅館的客戶策略

原本的措施	**WHO：在旺季、假日前一天的繁忙時期造訪的家族團客** **WHAT：景色與溫泉，加上單價高的套餐方案、節慶或煙火施放等周邊活動** 雖然以提高銷售額為目的，提供了高附加價值、高單價的住宿方案，但獲利率低、回客率也低 （首先，很可能相關方案的高附加價值並未被客戶認同，而給人留下了「昂貴」的印象）
客戶策略❶	**WHO：在旺季、假日前一天的繁忙時期造訪的家族團客** **WHAT：景色與溫泉，再加上歡樂的自助餐餐飲服務與節慶感（+ 可於週間平日使用的優惠券與會員折扣）** 調整「附加價值」的假設，調整耗費人事成本的節慶活動與餐食，提供節慶感，透過促進回客率提升獲利能力
客戶策略❷	**WHO：超過 60 歲銀髮族與朋友的平日住宿** **WHAT：在附有輕鬆溫泉住宿的宴會，享受時令美食自助餐（+ 可於週間平日使用的優惠券與會員折扣）** 簡化提供的特別服務或氛圍營造，透過附有可輕鬆重複利用溫泉住宿的時令宴會方案，提高入住率與獲利能力

所謂旺季、以及週末與國定假日。為了提高單價，過往經營方式主要在住率高的繁忙時期，提供各種套餐料理或神社、寺廟重要節日與放煙火等活動。因此，成本相當高，獲利率是一大問題。

觀察實際客戶使用情況，銷售額雖然明顯集中在旅遊旺季與假日前一天，但利潤率與平日則大致相同。旺季的人工成本較高，因此雖然每位客戶的人均利潤很高，但有時利潤率甚至會低於平日。這雖然是經營課題之一，但為了提升旺季的銷售額，仍然以提高單次消費金額為優先考量。

為了找出提高獲利能力的客戶策略，我們以客戶分類帳冊為基礎，試算了每位客戶的LTV。結果發現，主要在週間平日使用該住宿設施的銀髮族入館頻率（回客率）很高，三年累計收益的客戶終身價值非常高（以銷售額和利潤為計算基礎都相同）。此外，在旅遊季節或假日前一天造訪、與家人朋友同遊的客戶雖然單次消費金額較高，但大多僅到訪過一次，三年累計的客戶終身價值並不高。這家旅館雖然極少接到客訴，但推測可能因假日前一日的價格設定過高，因此對回客率造成了影響。

以此為基礎，我們針對在入住率近一〇〇%的繁忙時期到訪、攜家帶眷的家庭團客客戶，調整了耗費高人事成本的過度節慶活動與餐食，為了抑制人事成本與單價改以自助餐供餐以及在用餐空間中營造節慶感。而且在客戶到訪時，還提供了週間平日使用的優惠券，希望客戶下次可以考慮平日入住。

另一方面，平日則以銀髮族客層為主客戶，除了同樣的自助餐方案之外，還推出強調時令季節感的平日限定季節菜單。此外，還增加了與旅行社合作的平日方案的曝光度，並透過將平日方案定位為輕鬆的「附有溫泉住宿的宴會」、而非旅行，來鼓勵回頭客持續入住。

溫泉旅館藉由操作這兩個客戶策略主軸，提高了獲利能力。也推出了溫泉旅館業界罕見的積點會員折扣制度，鼓勵回頭客重複使用。透過這些調整：①在繁忙時期，提高利益率而非單價（＝以家庭團客為目標市場的既有方案成本削減）②提升平日入住率，以提高利益率並贏得銷售額，溫泉旅館得以在不減少銷售額的情況下，提高了整體獲利能力。

■ 案例2 郵購、網購保養品

這是為了開發符合於自身肌膚困擾的保養品，自行創業的郵購、網購保養品品牌公司的例子（圖3-13）。儘管該公司每年提供豐富品項的保養品和化妝品，而且持續成長，但在獲利能力上存在著問題。

只要調查客戶買了什麼，就能了解保養品和化妝品採取不同的客戶策略經營。首先，比較獲取各種商品新客戶的情況和成本。化妝品的新商品總是博得好評，贏得許多新客戶的青睞，因此獲取新客戶的成本較低。另一方面，保養品商品的新客戶獲取成本遠遠高於化妝品，所以開發新客戶的投資大多投注在化妝品新商品上。

接著，檢視各別客戶兩年區間的LTV，一半的化妝品客戶會在半年後流失，實際上，投

圖3-13 案例：郵購、網購保養品

原本的措施	WHO：有肌膚困擾者 WHAT：針對肌膚煩惱，提供各式各樣的保養品與化妝品 由於沒有注意到保養品客戶與化妝品客戶的回購率差異，因此過度投資在對短期獲利有幫助、但 LTV 偏低的化妝品商品上
客戶策略①	WHO：雖然有肌膚困擾，但對新化妝商品有高度興趣者（購買前） WHAT：提供保養品與化妝品的小容量試用品組合
客戶策略②	WHO:有肌膚困擾，想要尋求更適合皮膚的新保養商品者（購買前） WHAT：配合具體的肌膚困擾，提供新保養品單品方案
客戶策略③	WHO：已購買新化妝品單品的客戶（購買後） WHAT：提供保養品的試用組合方案
客戶策略④	WHO：已經購買過某種商品的現有客戶 WHAT：雖然認知度尚低，預期能提供滿意度的現有商品方案

注於開發化妝品新客戶上的投資無法回收。另一方面，雖然保養品的新客戶開發成本非常高，但持續購買率亦高，以兩年區間的客戶終身價值（ＬＴＶ）進行評估，則數值遠高於保養品商品。實際狀況是在兩年間初期投資便可全額回收，自第三年起開始創造高利潤。

基於上述這些事實，為了在不減少新客戶數量的前提下提升獲利能力，我們切換為以下三種客戶策略的組合：①針對對化妝品有興趣的客戶，不是提案新的化妝品單品，而是提供化妝品與保養品的小容量套裝組合。另一方面，②與至今相同，向對保養品有興趣的客戶提案保養品商品，以及③針對化妝品單品的購入者，立刻提供保養品商品的試用品組合，最後在未降低銷售額的狀況下提高了獲利能力。

再進一步調查後得知，大多數過去曾經購買化妝品、之後也持續購買的客戶群，並不認識品牌最暢銷的保養商品。當向該客群進行商品介紹時，他們顯露出了濃厚的興趣。不斷嘗試許多新產品的現有客戶，可能會感覺有豐富品項可供選擇，但並不理解具體商品細節，因而品牌產生了機會損失。針對這一點，我們也推動了客戶政策，向化妝品與保養品的現有客戶，介紹她們還不認識、但十分熱銷的品牌現有商品。另一方面，透過減少需要高額投資的新商品數量來提高獲利能力。

■ 案例3　B2B學習服務

這是利用手機ＡＰＰ學習行銷知識的學習服務的平台例子。接著我將介紹在「打造具有自我

圖3-14　Growth X 客戶策略的便益性與獨特性

客戶策略❶	WHO：不適合現有行銷學習模式、線上學習者 WHAT：使用手機 APP 的自在學習 便益性：隨時隨地都可使用的 APP& 輕鬆愉快的聊天群小說型使用者介面 獨特性：具社交性的聊天型，且可與同事透過相互切磋鼓勵的方式來學習
客戶策略❷	WHO：因推動數位轉型或因電子商務普及而擴張的行銷組織從業人員 WHAT：透過共同學習，建立擁有一致基礎的組織 便益性：透過知識共享和建立共同語言，提高組織協作和業務推廣的水準 獨特性：根據客戶需求量身訂作全面且周到的客戶成功（customer success）服務，包含舉辦工作坊
客戶策略❸	WHO：越來越需要了解客戶業務內容的行銷支援公司 WHAT：可以從客戶角度俯瞰行銷的學習方式 便益性：提高行銷支援公司解決客戶問題的能力 獨自性：學習客戶公司的技能，包含業務內容與專業能力

肯定感社會」的願景下，提供學習行銷的APP「協作學習」（co-learning）的新創企業Growth X股份有限公司（董事總經理津下本耕太郎）的客戶策略。我也以外部獨立董事的身分參與相關業務，從產品的開發到供應，將具體的客戶樣貌可視化，徹底聚焦於提出便益性與獨特性。

為了提供培養數位行銷人才的一站式必要知識，產品主要由兩元素組成。其一是獨特的聊天系統，將行銷所需知識進行系統化，每天只需十五分鐘即可在智慧型手機上輕鬆學習。其二是一組可以查看學習進度的儀表板，在享受多人共學的同時，透過相互切磋來學習相關技能。

雖然開始提供服務不過兩年，不過如同圖3-14所示，從一開始便為以下三種客戶群：①不適合現有的行銷學習模式、不適合傳統網路學習工具（如e-learning等）的學習者、②因推動數位轉型或因電子商務普及而擴張的行銷組織的從業人員，以及③越來越需要了解客戶業務內容的行銷支援公司，設定三種不同的便益性與獨特性組合，業績持續穩定成長。

定期檢視上述客戶策略與實現策略手段方法的有效性，在提高投資效率的同時擴大投資額，並在重新考慮未來產品開發流程的同時促進業務發展。根據公開的實際業績資訊得知，在公司成立後僅僅一年，每個月的毛利便突破三千萬日圓，半年內公司的規模則成長為三倍。在此期間，僅憑一位業務人員就達成了上述業績，從而實現了投資報酬率的最大化。

如同上述，雖然存在著多種複數客戶策略，但其①潛在規模、②客戶終身價值與實現速度，以及③實現可能性皆有相異。以評估以上三個面向為基礎，必須針對多個客戶群制定短、中、長期組合複數客戶策略的投資計畫。

3-4 洞察客戶策略：深入了解一位真實客戶的「N1分析」

化妝水「肌研」的單一客戶心理掌握

如同前述，「客戶策略」是向某個人提供某項事物，創造某種價值來鼓勵客戶購買的組合。哪項客戶策略有效、該如何評估判斷確實有效，可以透過理解「單一客戶分析」（N1）來判斷，該分析方式收斂客戶區隔，並深入挖掘特定客戶的心理與行為。在本節中，我將介紹樂敦製藥的化妝水「肌研」的事例來加以說明N1的重要性。雖然我在前一本著作《讓大眾小眾都買單的單一顧客分析法》中曾經分享過，但這是許多讀者都十分熟悉的產品例子。

所謂N1別無他意，單純代表避免大眾思維與徹底了解每位客戶的重要性。它與量化調查中，代表客戶母體或樣本數的「N」或「n」不同，並不具任何統計學上的意義。一對一與一對大眾的經營方式如前所述，無論產品有多好，若將目標客戶視為不特定大眾來規畫提高認知度和促進購買的措施，這些舉措幾乎都不會成功。這是因為，如同我一再指出，客戶行動做為一個整體，其實是

圖3-15　對每個人進行N1訪談

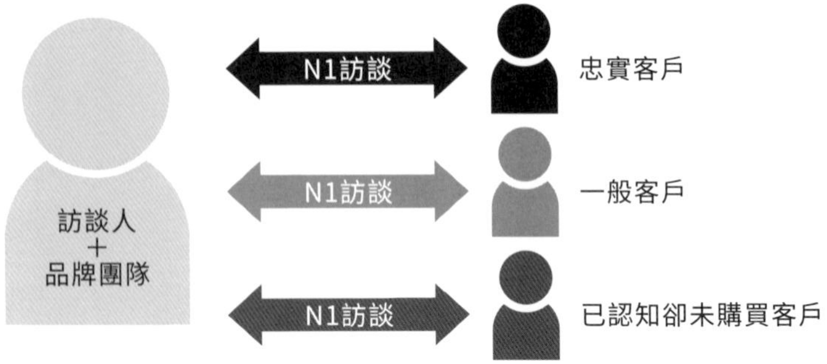

每個客戶個體心理變化結果的集合體。

不論在B2B或B2C的營運模式下，提升投資報酬率與提高獲利能力的第一步，是將客戶視為N1，而非不特定大眾。透過觀察每一個有名有姓、有血有肉且實際存在的對象，面對面確實訪談，就能夠掌握到對方因何心動，並且連結到認知與購買產品。

我過去在樂敦製藥負責的商品化妝水「『肌研』極潤」，就是藉由某位客戶所敘述的商品支持理由，而洞察出應該向誰提案什麼，並將此理解落實為客戶策略，大幅提升了銷售額。

由行銷部、商品開發部與廣告製作部共同進行，邀請實際客戶進行訪談時，某位顧客A提到「黏黏的很好」。該商品由於含有高濃度的玻尿酸，所以具黏性。到目前為止的客戶問卷中等調查中，也有人表達負面意見，但客戶A一邊使用商品，一邊強調「臉頰像黏在手上的黏稠度，正是保濕力的證明」。

徹底了解影響忠實客戶化的因素

讓A願意購買並堅定支持的心理變化因素在於「黏稠度＝具有保濕力的證明」。我們因此提出「使用後成為好似臉頰跟手黏得分不開的『彈潤肌』」的便益性與獨特性，更進一步進行訪談與小規模試賣。結果此客戶策略提案存在著非常多的潛在新客戶族群，成為客戶後也收到了重複購買率極高的反饋，因此持續進行大規模投資並實現了事業成長。

對於尋求更高保濕力而正在使用競品的客戶來說，這款商品由於具有手黏在臉上般的保濕力，提供了便益性與獨特性，而成為客戶策略。我們可以看出該策略①潛在規模大；②由於持續購買率極高，可以預期LTV將快速轉正；③透過投資電視廣告與公關可以擴展商品知名度，具有快速實現的可行性。

我們容易忽視此種看似單一客戶特例的想法，但當時的團隊沒有錯過。理由在於，客戶A很明顯是高頻率使用該商品的忠實客戶。我們透過圖3-15所示，進行了探究忠實客戶心理的N1訪談。

結果，我們建立了這樣的假設：使一般客戶轉為忠實客戶的「忠實客戶化因素」，在於「使產品變黏稠的保濕滋潤度」。此外，包含尚未有購買經驗的族群在內，發現了「重視保濕滋潤度者＝WHO」和「摸起來黏黏的、已經保濕的肌膚＝WHAT」的客戶策略。

若將客戶一視同仁，如同前述，就會將反應黏稠的意見視為負面，自然就不會反向操作，將其當成獨特便益性的重大策略了。透過Ｎ１分析的客戶策略建立至今已經十五年了，而且目前仍然是持續支撐「肌研」品牌的客戶策略之一。

五區間分類的單一客戶分析

為了理解Ｎ１，若僅僅一味盲目進行訪談是沒有幫助的。首先必須要確認受訪對象隸屬於五區間分類（第140頁圖3-16）的哪一個部門，再專心傾聽每一個人的回答、掌握與理解其心理狀況。相應於每個目標部門設定明確的目的，訪問十個人以上並加以分析，必然可以發現該客戶能夠從中發現價值、開展為自家產品提案（便益性與獨特性）的可能性。

重要的是，Ｎ１的目的定位為「找出該單一客戶可能從中發現價值的ＷＨＡＴ（自家產品可提供、可訴求的便益性與獨特性）」。忠實客戶何以是忠實客戶？為了找出成為忠實客戶理由的便益性與獨特性，更進一步提高其客戶忠誠度，就必須找出何為自家產品能夠提案、訴求的便益性與獨特性是什麼。若為一般客戶，就必須找出使他們成為忠實客戶的必須為何？若為流失客戶，就要想如何使其回歸購買行列？若為已認知卻未購買客戶或未認知客戶，要如何使其首度購買？最關鍵的是，針對每個區間分類進行具有明確目的的訪談。

在聆聽客戶聲音的同時，也在腦中思考該客戶能夠從中發現價值的ＷＨＡＴ（自家產品能夠提供、可作為訴求的便益性與獨特性）並建立假設，而後在對話中提出該假設，觀察客戶的反應。然後再進一步制定假設，將其視為客戶策略，並在後續對話中再度提出更新後的假設，以了解客戶的反應，持續探索創造對客戶而言具有便益性與獨特性的價值為何的可能性，非常重要。在重複執行的過程中，針對WHAT的假設設定能力與關於WHO的理解能力都將漸次提高，當訪問完約二十個人之後，你必然會發現多種客戶策略。

這就是在一對一與一對大眾之間，串聯管理標的與財務表現的具體客戶策略。若缺少這個流程，即使關注不特定多數的「大眾」，即使檢視財務報表，卻還是無法摸索出能夠持續提高獲利能力的有效客戶策略。

「不要傾聽客戶意見」的謬論

「如果去問客戶想要什麼，他們肯定會告訴我『想要一匹更快的馬』。」這是汽車大王亨利・福特（Henry Ford）的名言。我以這個小故事為例，跟大家分享有人認為就算問客戶也沒有答案，就算問客戶也無法引動創新，以及不應該傾聽客戶的聲音。但是，這種思考方式令人感到略為武斷。該如何接受客戶的聲音、該如何理解其心理是聽者洞察力的問題。

若將出現在福特故事中的客戶答案本身視為「便益性」，為了滿足此種需求，就會考慮「那就

圖3-16　五區間（續）

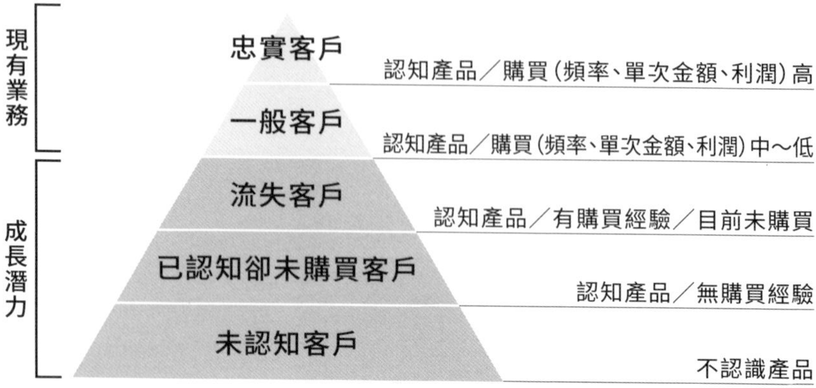

提供更快的馬吧」。若提供為比賽而飼養的輕型馬的純種馬，或許會為部分客戶創造高價值。

然而，若不將客戶的回答本身視為「便益性」，而是將真正的便益性視為實現更高目的的手段方法的話又會如何呢？若能理解客戶的更高目的是「希望用比馬更快速的手段移動」，而像福特先生一樣把四輪汽車的開發製造視為「答案」，就能為更多客戶創造出高價值。事實上，純種馬十分昂貴且容易受傷，並不適合日常移動工具之用。

就像這樣，你是直接按照字面解釋回應客戶的需求，還是洞察話語背後的心理與更高目的，將「比馬更快速的移動手段」視為便益性來找尋答案，因應不同理解邏輯所得出的答案所產出的價值天差地遠。客戶雖然不知道答案，但他們可以向經營管理者提供尋找答案所需的提示。這就是單一客戶分析的意義。

針對在經營管理上被漠視的客戶心理、多樣性與變化，為了將心理與多樣性納入經營管理的視野加以捕捉，我已經說明了該如何運用「客戶中心的經營結構」與「客戶策略」架構。

在下一章中，我將透過掌握構成TAM客戶數的整體客戶群與自家產品的客戶變化，來解釋靈活運用操作客戶策略的「客戶動力學」架構。

第3章總整理

- 任何組織或產品，TAM客戶數皆可區分為五區間。根據是否認識產品、購買經驗的有無，以及購買頻率三個標準，能夠區隔為「未認知客戶」、「已認知卻未購買客戶」、「流失客戶」、「一般客戶」、「忠實客戶」五個類別。
- 所謂的客戶策略，也可說是在經營管理上應該追求的投資策略。闡明產出價值的客戶策略，在組織內跨部門間建立共識，藉此可能為整體組織帶來一貫性和效率性的「客戶中心的經營管理」。
- 針對目標客戶，透過打磨自家商品所提供的便益性與獨特性，向對方精準傳達並讓對方體驗，就能在與客戶之間產出高「價值」。結果能夠避免因商品化所導致的價格戰，且實現讓客戶持續購買的目標。

第 4 章

基礎篇

持續提高收益的「客戶動力學」：掌握客戶變化

顧客行動背後有驅動他們理由的心理因素。
此外，客戶並非單一種類、而是多元的；
並非固定、而是不斷變化的。
換言之，客戶策略也絕非固定，而是必須不斷改變。
在本章中，我將介紹以客戶動態捕捉市場，
加以視覺化並在組織內建立共識的「客戶動力學」架構。

4-1 動態的客戶

每個市場都是多元客戶動態

在第二章與第三章中，我解釋了理解客戶心理的重要性。許多組織都將客戶視為固定的群體。大家對於今天、明天重覆做至昨天為止有效執行的策略，沒有抱持太大的危機意識。然而，客戶心理會不斷產生變化，結果將導致客戶行為改變，並影響自家產品的財務表現。

為了將在日常工作中難以注意的客戶心理與行動變化視覺化，並讓整個組織的專注力集中在客戶變化上，可活用「客戶動力學」架構。具體而言，我們將了解客戶如何在「五區間」的各分類中移動，並把握在時間軸底下五區間的變化，並拿來評估執行策略的成效。

我嘗試稍加解讀，所謂的「客戶正在改變」究竟代表何種意涵？

今天，第一次購買自家產品的人，在購買的一瞬間成為客戶了。對方就在一分鐘前因為朋友的推薦，而決定「那就買吧」，在這一瞬間心理產生了變化。又或是因為前天看到網路廣告而認識了產品，雖然抱持興趣打算購入，但在確認使用者評論時發現負面評價較多，或許就會決定「那就先暫緩購買吧」。

就像這樣，客戶的心理狀況與由心理導致的行動總是不斷在改變。然而，在經營管理現場看到的數字或數據資料、多種各樣的分析報告，都只擷取了消費行動結果的瞬間，並未注意到這個靜止畫面是不再存在的過去。

若是購買循環長的業界，變化的落差似乎不是大問題。但若是在數位服務與消費循環快速的類別中，變化與應對之間所產生的時間差就是性命攸關的問題。反過來說，若能夠領先競爭對手快一步掌握客戶變化，並且迅速改變調整客戶策略，便有可能早於對手為客戶創造價值。

然而，許多企業在無意識狀態下以固定的市場為前提，不論是投資活動或組織結構，人事或雇用也好都被固定化。公司在經營管理上，為了持續最大化投資報酬率並達成高獲利率，將市場視為客戶動態，持續靈活地進行經營管理活動很重要。這與一般通常所稱的敏捷性（agility）同義。

從複數公司看到客戶策略變遷

許多企業與事業將客戶視為動態，持續不斷檢視產出價值的「客戶與自家產品的組合」，也就是客戶策略，並不斷提升實現此客戶策略手段方法的健全合理性。在擁有強韌有力的組織與人員的大公司中，大家特別另眼相看的可以列舉出：豐田汽車（TOYOTA）、索尼（SONY）、任天堂（Nintendo）、京瓷（KYOCERA）、基恩斯（KEYENCE）、瑞可利（Recruit）、本田（HONDA）、優衣庫（UNIQLO）與宜得利（NITORI）等公司。然而這些企業，並非從創業期開始，就擁有強韌有利的組織與人員。

我曾任職的樂敦製藥、寶僑也一樣，若調查能長年持續成長並創造獲利的公司，它們從創業成立到現今的歷史，就會發現都沒有固定的客戶策略。作為企業核心的項目結構或產生利潤的產業本身發生變化並不罕見。在創業期，當然會有與客戶發現價值連動的產品客戶策略，持續且迅速地讀取客戶的變化，持續改變產品方案，也調整經營的類型項目與所處的行業，由於客戶總是持續不斷在尋求某種價值，公司透過改變客戶策略來推動業務成長。

豐田汽車自生產紡織機起家，後來活用鍛造機械加工技術，跨足卡車製造再到客用車製造，其所投入的製造領域本身的變化是非常有名的故事。絕非從創業期一開始，便具備豐沛的人力資源、資金與研究成果，但豐田汽車能夠從客戶的變化中讀出社會變化，並轉化為產生利潤的客戶策略。

索尼的創業者井深大則是從修理與改造收音機起家，與盛田昭夫見面、跨越了電鍋的失敗，藉由真空管電壓表和電子座墊擴大了初期的事業版圖。其後，公司開發了錄音機、晶體管收音機、電視、錄影機等產品，在歷經數次失敗之後，成功改變了主要經營業務的項目領域。

任天堂從花牌製造到撲克牌，再到電子遊戲機業務。瑞可利是以東京大學的學生報紙廣告代理店事業為開端，實現了產生多種新價值的客戶策略。樂敦製藥自腸胃藥的製造銷售起家，寶僑則是從蠟燭與肥皂的製造銷售開始等，它們分別成立並發展成為銷售額高達數千億或數萬億日圓規模，擁有數千或數萬名員工的組織。

這些公司以現狀來看，雖然各個都是強韌的大企業，但當初是以將一件自家產品提供給一位客戶產生價值為發端，持續不斷成長並成為今天的樣貌。與各家公司歷史相關的文獻非常多，希望各位讀者務必一讀。我想自創業期第一個客戶誕生起，便始終如一的追求自家公司能夠達成的新價值創造，可以在所有企業上發現。這絕非巧合、趕搭流行列車或單純的幸運，而是企業思考如何創造得到客戶認同價值的便益性和獨特性，並改變自家公司能夠實現客戶策略組合的結果。

大家經常會討論產品潛力「是否有利基市場」，但這種爭論毫無意義，甚至有害。我想強調的事實是，所有的大企業、大公司並非從一開始就出現，而是從一個利基市場開展出來的。所有事業都始於一位客戶與某樣產品相遇，而該產品提供了前所未有價值的便益性和獨特性。在產品中發現相似價值的客戶數量不斷增加的初始階段稱為利基階段，但無從得知此後客戶數量是否會增加且規模擴大。只能說某個產品是否為利基市場，不過是所有事業結果論。換言之，在初始階段便將某商品視為「利基市場」而排除在外，形同將其扼殺在事業萌芽。

創造客戶動態來增加利潤

對客戶的動態沒有自覺是中長期獲利能力難以提高的主要原因之一。不論是B2C或B2B的營運模式，當所有市場將各別客戶的行動合計的一瞬間，便只不過是擷取了一幅靜態影像罷了。換言之，在經營管理上應該將市場視為持續不斷變化的「客戶心理與行動動態」。

要實現以增加利潤為目標的營運，應該要創造新客戶。換言之，便是要持續產出會繼續支持自家商品的客戶動態。

以五區間分類掌握客戶動力學

那麼，我們使用可用於任何行業的基礎「五區間客戶動力學」來考慮客戶動態。

包含B2B與B2C在內的任何市場，當產品剛剛上市時，所有人都是自家商品的未認知客戶。由此開始提高認知度，已認知卻尚未購買的客戶也會增加。其後，開始有首度成為實際購買商品的客戶，但依單次消費金額與消費頻率的差異，可以區分為：單次消費金額與消費頻率屬平均水平的一般客戶，以及單次消費金額與消費頻率高的忠實客戶（圖4-1）。

此動態可藉由量化問卷調查加以掌握。如同在第三章第101頁所說，試算市場客戶數或企業客

圖4-1　五區間（續）

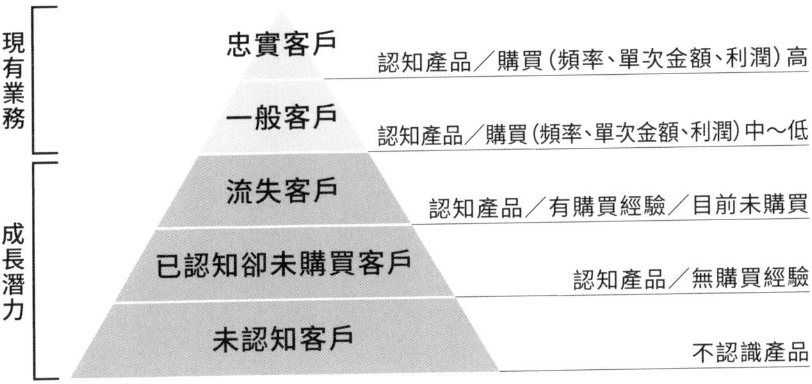

戶數乍見有些困難，但至少可在某種程度上掌握大方向。以此為基礎，若能透過定期調查掌握每個客戶區間的趨勢，便能夠追蹤客戶的動態。一旦建立起動力學模式，即可透過持續不斷的驗證和討論，來強化精準度。

我認為在小規模事業體或B2B的營運模式下，有許多尚不清楚自家產品，也還未成為潛力客戶群的未認知客戶。要向此未認知族群提供什麼、如何提供，是經營管理上的重大挑戰。

另一方面，車子或房子等大型消費財的未認知客戶族群小，已認知卻尚未購買的客戶較多吧。其中，特別要聚焦於能從自家產品中發現價值的客戶群，以此為基礎評估開發新客戶的投資是否適當。另外，若產品最初能讓客戶發現價值的便益性與獨特性訴求消失了，則有必要檢討是否應加快商品開發的步調。

4-2

運用客戶動力學：了解四種客戶動態

將各區間的客戶流動視覺化

我們來試著思考在五區間之中發生的基本動態。

若以一年期間來思考這五種分類的話，則這一年間的所有收益幾乎都來自於上面兩層（忠實客戶與一般客戶）的貢獻。若是採取定期繳納會費或事先預付的方式，是有可能從流失客戶獲得收益，但若非上述營運形態，則是由上面兩區間的銷售額與獲利，來支應對第三層的所有投資，即支應獲得新客戶、讓流失客戶重新回歸活動的成本。

舉辦這些活動的結果會導致這五層的比例增減，並產生銷售額與獲利，但更為重要的，是客戶會持續變化，並持續在這五層間流動的事實。客戶是動態的，而將此動態納入考量，並以成長策略與提升獲利能力為目標，這就是五區間客戶動力學」架構的功能。

四種客戶動態

接下來，我將說明上面四層客戶群中所發生的四種客戶動態。**1**與**3**為成長路徑；**2**為回歸路徑；**4**則為失敗路徑（圖4-2）。

1 一般客戶的忠實客戶化、忠實客戶的進一步忠實客戶化

在支持現有營運的忠實客戶群、一般客戶群中，存在著一定比率的「潛在忠實化客戶」，他們處於願意提高單次消費金額與消費頻率，具有正面積極心理狀態。若能夠了解，這個族群在自家產品中發現何種高價值（高度評價對自己來說必要的便益性與獨特性為何），並掌握已經建立的客戶策略，就能串聯至開發與擴展為自家產品培養未來忠實客戶的手段方法。

關於潛在忠實化客戶的客戶動態，除了具備提高目前購買自家產品的單次消費金額與消費頻率的可能性之外，也有潛力透過端出新產品方案來創造新價值。促進購買跨類別的產品，也就是交叉銷售（cross-selling）。

這個族群對自家產品販售者所提供的新產品提案，具有高接受度。例如，若是機械加工公司的潛在忠實化客戶，十分容易接受同一家機械加工公司不同的機械維修保養服務提案。而也能以相對低成本，便能做到讓同一客戶群認識自家公司的維修保養服務。

圖4-2　五區間客戶動力學（續）

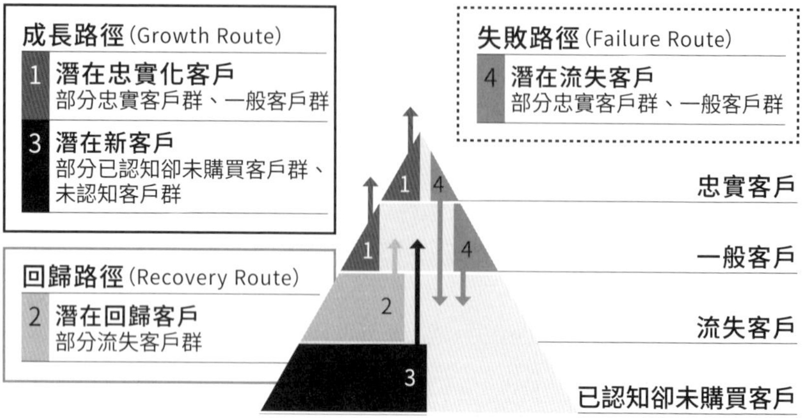

多次造訪某家溫泉旅宿的一般客戶中的潛在忠實化客戶，易於接受該溫泉旅宿所提供的特產品或鄰近的觀光體驗套裝行程。此外，由於透過房屋仲介協助購買自家住宅的客戶，也很容易成為房屋仲介公司的潛在忠實化客戶，也易於接受房仲所提出的改裝或別墅購買方案。

換言之，由潛在忠實化客戶帶來的自家產品銷售額＝「客戶數×單次消費金額×消費頻率」中的單次消費金額與消費頻率，不僅是相同的產品，也可能來自於相同販售者的新產品提案＝也能夠增加交叉銷售的方案。針對同屬於潛在忠實化客戶群者，透過不同產品的客戶策略創造出新價值，換言之「同一ＷＨＯ」與「不同ＷＨＡＴ」也可能成立。

所謂「客戶粉絲化」的本質便在於此。僅憑單一產品，客戶的單次消費金額與消費頻率總有一天會達到極限。針對潛在忠實化客戶，在提升現有購買商品的單次消費金額與消費頻率之外，也藉新產品提案創造新價值，這就是「粉絲化」的本質，而且能夠進一步連結到收益。

而在全球徹底實行此種策略的企業，可以列舉出亞馬遜與蘋果（Apple）。此二者不論何者都與豐田汽車與索尼相同，以小規模創業、曾歷經成長趨緩階段，絕非自始便是巨型企業。以客戶動力學來解讀兩家公司發展的變遷，創業不久或仍在成長中的企業都能夠從中獲得取多啟發，所以我將在本章後半進行相關內容的說明。

2 流失客戶的回歸

在一定期間內未再購買的流失客戶群中，也存在著一定比例的即將恢復購買的「潛在回歸客戶」。這群客戶因為某種理由，又或是不知何故而流失，但對於該產品的需求並未完全消失。藉由洞察此處已建立的客戶策略，開發出實現客戶策略的手段方法，可以視為促進客戶回歸的投資。同時，此處的行動與預防現有客戶進一步流失的客戶策略與手段方法連動的可能性也很高。

3 已認知卻未購買客戶的新客戶化、未認知客戶的新客戶化

在已認知卻未購買客戶中，必然存在著潛在新客戶。已認知卻未購買客戶的心理狀態，是指處於即將首次購買前，或是只需某種契機便會採取購買行動的客戶群。跟未認知客戶相較，已認知卻

未購買客戶更易於觸發購買意願，客戶化的投資報酬率較佳。

然而，即使同處於「目前未購買」狀態，但他們與流失客戶不同，雖然對產品有所認知但沒有任何實際使用體驗，對產品的便益性與獨特性的理解與認知尚弱。由於對產品的心理狀態與流失客戶大相逕庭，有很高的機率需要提出與對 **2** 的「潛在回歸客戶」有效的產品提案（WHAT）不同的客戶策略。若能夠掌握這一點，接下來唯一要做的，便是開發出手段方法來實現針對該客戶群的客戶策略。

在未認知客戶群中存在著潛在新客戶群的可能性雖然高，但由於他們對產品毫無認知，在實務上，要特別以這個客戶群為目標市場非常困難。因此，針對此客戶群開發新客戶的投資報酬率是較差的。

4 一般客戶、忠實客戶的流失

另一方面，在忠實客戶與一般客戶中必然存在著潛在流失客戶。即使是已經持續數年購買自家產品的客戶，必然會出現一定比例的客戶流失現象。針對已定義為自家產品的忠實客戶或是VIP客戶群，請試著調查過去數年的變動，大家必然會從中發現流失客戶。

即使是流失比率相對較低的類型，如金融服務的銀行帳戶客戶，若以數年為單位進行調查，也會流失數個百分點的上層客戶。而競爭激烈、商品化激烈的日用品，或是遭模仿速度快的數位型服

圖4-3　應對相異客戶動態的客戶策略（WHO&WHAT）

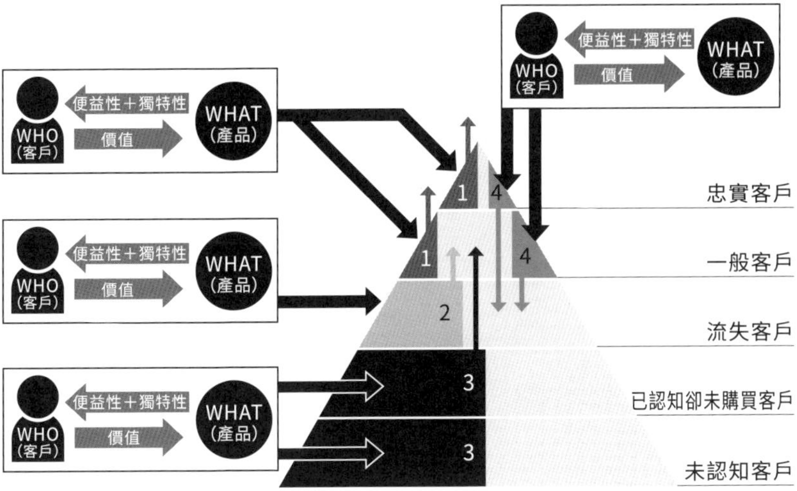

務，有時流失率甚至會超過五〇%。換言之，即使是在最上層的忠實客戶群，也會有一定比率的流失客戶或即將流失的客戶。

深化針對此一潛在流失客戶（WHO）的理解，洞察預防流失的產品提案（WHAT）以及實現該提案的手段方法（HOW），對於產品的收益與成長將產生極大影響。由4產生流失率高的產品，理所當然無論開發新客戶的效率再高，以中長期而言投資報酬率都會觸頂反轉，獲利能力轉趨惡化。在這種狀況下，有必要停止開發新客戶的投資，並重新審視自身產品。

基於四種客戶動態的複數客戶策略

像這樣，運用客戶動力學獲得了潛在新客戶或回歸客戶，洞察了用以防止忠實或一般客戶流失的

圖4-4　大眾思維與客戶策略的連結

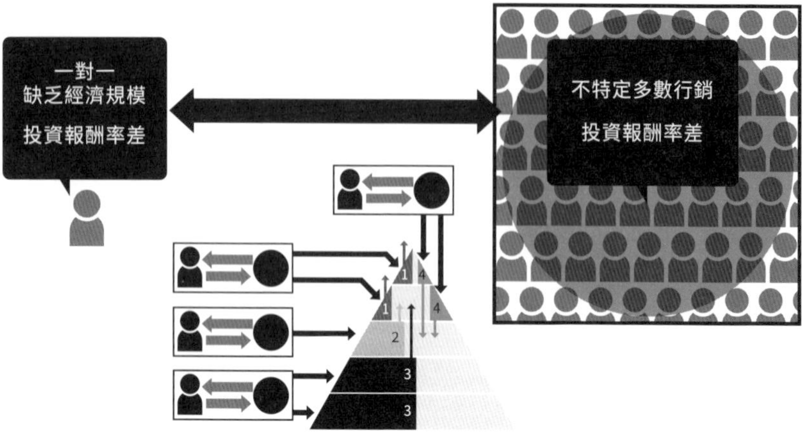

客戶策略，將成為未來產品改善與新產品開發的主軸核心。不論何種產品，都會進行產品改良或追加新功能，並行追加新產品等的開發，這些開發都應該串聯透過客戶動力學能加以視覺化的具體「潛在客戶族群的心理與行動」。

關於整體市場與自家產品的關係，藉由在組織內部建立五客戶區間與四種動態的簡明共識，客戶策略與客戶動力學將貫徹於不同部門的橫向串聯中。

分頭並行客戶的**1 忠實客戶化與進一步忠實客戶化、2 流失回歸、3 新開發、4 預防流失**，持續提高投資報酬率是必要的。為達此目標，經營管理階層主導客戶動力學的視覺化、洞察明辨應對各別相異客戶動態的客戶策略（WHO&WHAT）是非常重要的（圖4-3）。而規畫並跨部門建立針對實現上述客戶策略的手段方法（HOW），且透過各部門、負責人的業務運作，提升對客戶動力學整體的投資報酬率，強化獲利能力。

圖4-4呈現出此種關係性。掌握四種路徑中各別成立的客戶策略（WHO&WHAT），捕捉動態並反映在接下來的提案中，這便是客戶動力學的應用方式。

而且，試著將此種思維模式與在第一章所介紹的「大眾思維病」（第49頁）連結思考。不論是一對一或以不特定多數為對象的一般大眾，這兩者對任何客戶族群皆未進行提案最佳化，投資往往流於浪費。在其間找出最佳的WHO&WHAT組合，便是五區間分類的客戶動力學與客戶策略。將不特定多數的大眾定義為「該產品的目標使用者為誰？」，計算出其母體數（＝TAM客戶數），並根據客戶的行動（認知／購買經驗／購買頻率）進行分類（＝五區間）。而後追求可以確定該向誰提案何種產品的客戶策略，既非一對一、也非一對大眾，而是區隔出應該觸及的特定客戶族群。

4－3 各行各業的客戶策略

歐舒丹的客戶動態與三種客戶策略

無論身處哪個業種或業界，由於單年度利益貢獻度高的忠實客戶都會有一定比例的流失，有必要獲客來彌補。但由於忠實客戶的銷貨額與利益貢獻度高，若流失忠實客戶一人，相對應便有必要獲得更多的新客戶。此外，在大多數的狀況下，在開發並獲得新客戶上的成本（投資）難以單一年度回收，一般而言需要二至三年，若為B2B等需要大規模設備資本投資的行業別，則可能需要十年、二十年才能回收。像這樣，在同時著眼於短期和長期策略、並提高持續銷售額和獲利能力上，利用客戶動態將四種客戶動態加以視覺化，並為各別動態制定相應的客戶策略非常重要。

在我曾擔任董事長的保養品品牌歐舒丹，若以年度為單位觀察，則六〇%的銷售額集中於客戶數（購買者數）的前一六%（忠實客戶）。若再就利潤集中度而言，則最終利潤的全額（百分之百）皆來自於這一六%的忠實客戶。而在其餘八四%的客戶，即維持一般客戶、吸引流失客戶回歸與開發獲得新客戶上的投資，結構上投資就單年度而言為赤字，三年後可以回收報酬率。當然，在前一六%的忠實客戶中，每年也都會出現數個百分點的客戶流失。為了強化此一客戶動力學（擴大頂端客戶群與流失最小化），並在不減少銷售額的前提下提升獲利能力，首先必要藉提升前一六%客戶群的單次消費金額與消費頻率、降低流失率來提高該客戶群的投資報酬率。為了提高底端八四%客戶的投資報酬率，亦即將單年度赤字的回收期間縮短至三年以內，同時需要並行的是建構能提高預防流失、吸引流失客戶回歸，以及開發獲得新客戶等措施投資報酬率的客戶策略。以客戶動力學上各別客戶群分析的結果為基礎，藉由實施三種客戶策略，得以在不減少銷售額的狀況下，在短時間內恢復獲利能力（圖4-5）。

歐舒丹的強項商品雖然是如護手霜等身體保養的相關產品，但根據分析結果明顯顯示，臉部保養產品能提升購買頻率。因此，第一項客戶策略便是向既有的頂端客戶提出「以臉部保養產品為主的護膚產品」，以最大化「單次消費金額」與「消費頻率」。歐舒丹以前都會向所有客戶提案與銷售臉部保養品，與護手霜和身體相關保養品一樣，但臉部保養產品卻難以在店面販售，因此現場工作人員也未投入太多精力，不過公司卻發現面對忠實客戶時，他們較易接受臉部保養產品的提案。

第二項客戶策略，則是以歐舒丹誕生地普羅旺斯為主題的新商品、企畫商品與促銷方案。這個策略行之有年，不僅有助於開發與獲得新客戶，也具有預防現有客戶流失的效果。因而向購買頻率轉趨低落的既有客戶（潛在流失客戶）積極提案，藉此將流失率最小化。

圖4-5　歐舒丹的客戶動力學

TAM＝追求高品質生活方式（lifestyle）者

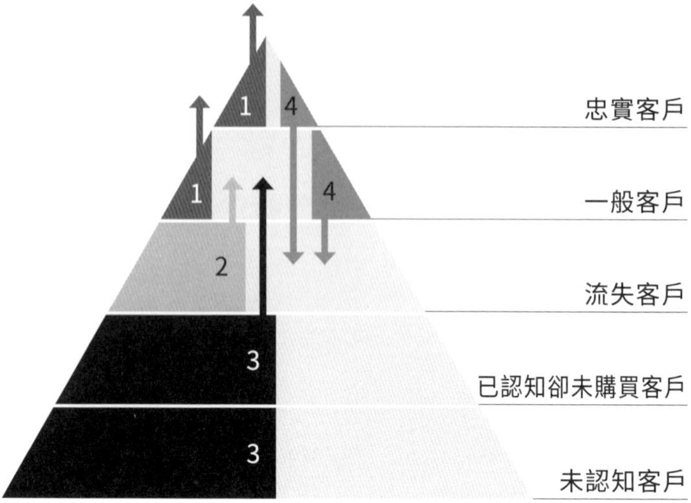

對應四種客戶動態的三種客戶策略（A、B、C）

1	藉由歐舒丹的自然風保養品提案， **將單次消費金額與消費頻率最大化**	A
2	藉有非日常奢華感、一定會讓對方感到滿意的禮物方案， **吸引流失客戶回歸**	C
3	❶藉由與普羅旺斯相關的每月新商品、企畫商品與促銷方案， **開發並獲得新客戶**	B
	❷藉有非日常奢華感、一定會讓對方感到滿意的禮物方案， **開發並獲得新客戶**	C
4	藉由與普羅旺斯相關的每月新商品、企畫商品與促銷方案， **預防客戶流失**	B

第三項客戶策略，則是為了贈禮給他人的禮物方案。此項策略連動到大量流失客戶的快速回流，同時也獲得了許多猶豫是否要為自己購買的潛在新客戶，結合前述第二項客戶策略發揮加乘效果，對開發與獲得新客戶產生了極大貢獻。

透過針對各別相應的客戶群實施上述三項客戶策略，在增加銷售額的同時，避免無意義的投資浪費、專注於報酬率高的投資，得以在短時間內改善獲利能力（利潤率）。

自家產品以外的客戶理解：連鎖餐廳案例

運用客戶動力學建構客戶策略，不僅能用於自家產品，也能夠運用於競爭商品或自家公司未投入業界的策略分析上。

我將介紹活用我們公司二〇一九年新冠肺炎爆發前做的、跟外食連鎖餐廳有關、以男女十五歲到六十九歲為對象的調查（樣本數五千人）方法。調查中分別針對各客戶群定義如下：忠實客戶為「每月到店消費一次以上」、一般客戶為「每月到店消費一次以下」，一年以上未光顧的客戶為流失客戶，以此來分解五顧客區間。

這兩家餐廳並非我的企業客戶，讓我們來比較連鎖餐廳樂雅樂（Royal Host），與業界最大的漢堡連鎖店麥當勞當時的五區間數字。樂雅樂在日本全國店鋪數略高於兩百家；麥當勞則約有兩

圖4-6　兩家飲食連鎖店的五區間（2019年）

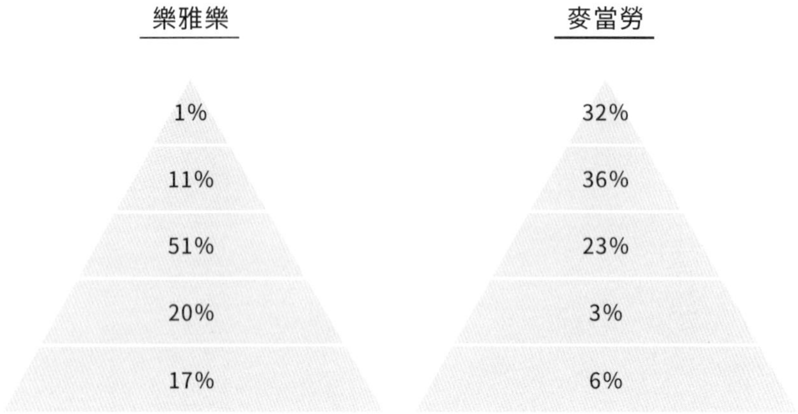

千九百家，兩者相差將近十五倍，所以各自分別的總客戶人數有所差異。不過首先，可以舉出樂雅樂調查結果的特徵在於流失客戶群的占比極大。

為了解讀客戶動力學而將兩家公司的數字並列，可以看出流失客戶對現有客戶的比率存在著極端巨大的差異：樂雅樂為五一%÷一二%（一%＋一一%）＝四・二五，麥當勞則為二三%÷六八%（三二%＋三六%）＝〇・三四，兩者之間。另一方面，由於樂雅樂當時（二〇一九年度）的業績幾乎持平、未有變化，可以想像現有客戶的流出數，以及新客戶與流失客戶的流入數幾乎勢均力敵。這反映出現有客戶以一定比例流失，流失客戶重新客戶化，以及已認知卻未購買或未認知客戶的客戶化等客戶動態的可能性（圖4-6）。

而當藉由問卷調查來了解樂雅樂各別客戶群的特徵時發現，其實許多流失客戶並未刻意迴避到樂雅樂用餐，反而是對樂雅樂抱持好評的客戶居多。只是單純有一段時間未到店內用餐，並沒有特別原因，但這也同時表達了「若有想要嘗試的新菜單願意消費」的意願。然而，樂雅樂每月都會推出新菜單，菜單種類之多元豐富並不亞於麥當勞。不過，這似乎並未觸及到流失客戶並帶動他們到店內消費，現實狀況仍然呈現出許多客戶流失。

向複數客戶提供符合各別期待的方案

讓我們將此種狀態與前述的四種客戶動態進行對照比較。

1 一般客戶的忠實客戶化、忠實客戶的進一步忠實客戶化
2 流失客戶的回歸
3 已認知卻未購買客戶的新客戶化、未認知客戶的新客戶化
4 一般客戶、忠實客戶的流失

如此一來，可以認為 **4** 流失客戶的回歸動態具有非常大的潛力。強化此一目前流失中的客戶群對於菜單的認知程度，即可以看出組合「曾經到樂雅樂店內消費，但目前的來店消費頻率低，期待新菜單的客戶群」（WHO），以及「每月具體的新菜單提案」（WHAT）的客戶策略。

圖4-7　樂雅樂的客戶策略：流失客戶的回歸

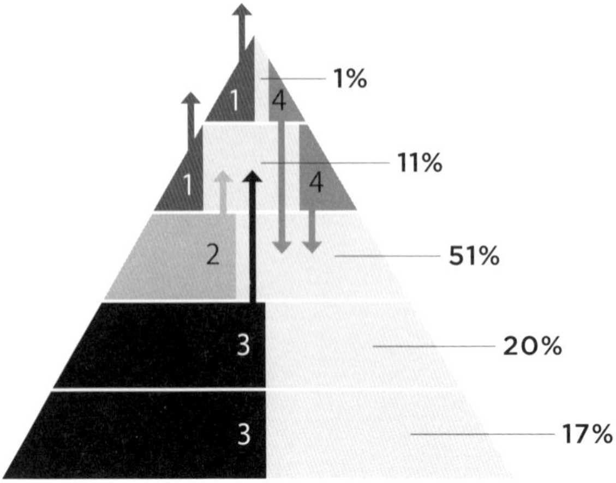

若更進一步深化對客戶群的理解，可根據客戶的性別、子女的有無將WHO細分區隔為多個族群，掌握各別族群能夠從中發現價值的便益性與獨特性皆相異的實際狀況。就所提供的WHAT而言，透過將豐富多元的新菜單、種類豐富的漢堡類、種類豐富的飲料吧等各種取向與不同客戶群結合，可以最大程度的增加流失客戶回歸。像這樣，若定期向各別客戶群提出其所喜歡的產品方案，再加上優惠券等促銷措施，便能夠預期將流失客戶群轉為消費客群（客戶化，圖4-7）。

我並未有直接參與樂雅樂或麥當勞業務的經驗，雖然是外部第三者，但也能夠完成這種程度的分析。即使並非自家產品，即便是完全不熟悉的行業，運用五區間來將客戶動力學加以視覺化，便可以驗證何處存在著成長機會與挑戰課題，以及可以採取何種策略。

消除便益性與獨特性「不為人知」的狀況

重要的是，將代表市場整體的TAM客戶數加以視覺化，評估客戶動態，藉由「具有創造價值潛力的便益性與獨特性」與「發現該價值的客戶」加以組合來判斷、確定成長的機會與挑戰。要做到這一點，必須深入了解每位客戶的心理與行為之間的關係，並確定自己的產品可以提供何種便益性與獨特性。

即使並非開發新產品，但客戶經常無法認知到公司現有產品所能提供的便益性和獨特性（WHAT的評估）。找出自家公司在目前時間點可能創造出的價值，發現潛在客戶以及向該客戶群提案的客戶策略，藉此實現增加新客戶、單次消費金額與消費頻率，並對改善收益有所貢獻。

以下是題外話：過去當麥當勞以價格低廉與健康取向為產品主要訴求（WHAT）時，業績惡化。不過這幾年，不侷限於便宜或健康，不斷提出新菜單與既有菜單（WHAT），致使業績顯著恢復。這是客戶策略的轉向，目標市場是視新菜單為便益性的客戶群，而非重視低價和健康的客群。

此一客戶策略，不僅對第162頁圖4-6中所顯示的三二%忠實客戶與三六%一般客戶的來店頻率與單次消費金額有所貢獻，也成功吸引了存在於巨大流失客戶群中的潛在回歸客戶。即使在新冠肺炎疫情之後，麥當勞也未變更提供新菜單的策略，而且透過強化實現客戶策略的手段方法，即優化店內外帶、外送與智慧型手機訂購運作模式的方式持續保持強勁的業績成長。正是因為確實制定了客戶策略，才能夠在實現手段方法上大膽地進行投資。

樂雅樂雖因新冠肺炎疫情的影響，二〇二〇年的業績滑落，但藉由自疫情前的客戶動力學可以看出將菜單提案轉移到前述客戶策略的主軸上，應該能提升業務績效（圖4-7）。

基於一人動態所擬定的「三得利天然水」客戶策略

即使在沒有問卷調查數字的狀況下，也可以運用五區間客戶動力學。

作為範例，假設你是三得利瓶裝水「三得利天然水（南阿爾卑斯）」的業務，嘗試根據客戶動力學來思考客戶策略。

不久前，友人表示，他從東京市中心搬到長野縣之後，便不再買瓶裝水了。他喜歡咖啡，所以過往會在便利商店購買如「三得利天然水」等知名品牌的瓶裝水，但搬家後便成了此類商品的流失客戶。

當客戶的身分由消費者轉為流失客戶時，除了轉而購買競品外，也可能變成購買甚至未被認為是競品的其他替代品。他的狀況是，由於他搬到了水質極佳的地區，喝自來水便足以滿足需求，所以毋須再購買瓶裝水，因此是自瓶裝水分類流失。若檢視五區間分析，即是因為體驗到搬家後所在區域自來水的美味，所以成為前述**4**（第154頁）的潛在流失客戶，而且實際上也已經流失了。

不過，若你認為他無法再度回歸「三得利天然水」，可能還為時過早。

此處應該加以考量的不是其他瓶裝水的競品，而是便宜而又美味的自來水，以及他目前的心理狀態。目前他雖然是瓶裝水的流失客戶，但並不代表他不再認同瓶裝水商品本身所具有的便益性。由於他知道可以從長野的自來水得到沖泡出美味咖啡的便益性，便益性被商品化，而可以隨時從水龍頭取得自來水此一次性的便益性（主要便益性在於沖泡出美味咖啡），則成為自來水的獨特性，結果他就成為瓶裝水商品的流失客戶。也可以說，此種客戶流失狀態只是因為對特定客戶而言，瓶裝水並不具有超越當地自來水的便益性與獨特性罷了。

向失去購買理由的客戶，提案新的購買理由

讓我們試著思考，能夠讓他再度購買「三得利天然水」的便益性與獨特性（WHAT）吧。

例如，雖說水質極佳，但由於是自來水，所以是以氯消毒的。若加以深究，便會發現瓶裝水除了「美味」之外，或許可能還具有健康方面的便益性。

此外，礦物質濃度高於一百二十毫克／公升以上即為硬水，友人居住區域的水含有大量礦物質（鈣與鎂），是高達一百五十～兩百毫克／公升的硬水，似乎本就適合用來沖泡咖啡與燉煮肉類料

理。另一方面，此自來水似乎就與沖泡日本茶或使用高湯的日本料理（和食）等，較為適合使用軟水的飲食烹調有些格格不入了。

三得利天然水的硬度，根據官方網站的數據顯示約為十～八十毫克／公升的軟水。東京自來水的硬度約在六十毫克／公升前後屬於軟水，伊雲（Evian）礦泉水的硬度為三百零四毫克／公升為硬水。如此一來，在如同友人居住、自來水屬於硬水的區域，訴求在烹煮日本料理或沖泡茶水時，比起自來水，「使用軟水（獨特性）的『三得利天然水』將更為美味」，藉由轉換便益性（WHAT）的定義，可能具有創造出更大需求的潛力。

或者，大家可以思考有無機會專為咖啡消費本身創造新的價值主張？根據全日本咖啡協會的調查結果，可知十二歲至七十九歲的調查對象，每週飲用咖啡次數平均為十一次左右；而根據市調公司MyVoice在二〇二〇年的獨立調查顯示，在十代～七十世代的受訪對象中，超過半數以上有飲用咖啡的習慣，而飲用場所則有九成是在自宅。各位讀者，您是用什麼水來享用咖啡？由於對咖啡的需求如此之大，推出專門用於沖泡咖啡的硬水版天然水成為一種選項。

不限於三得利天然水，幾乎市面上所有的瓶裝水都是以直接飲用便可輕鬆享受水的美味為便益性，在電視廣告等訴諸形象戰上大力投資、相互競爭。這是在相同便益性上尋求市場區隔的競爭，因價格競爭而導致獲利能力低落無可避免。

另一方面，藉由深入理解被歸類為少數特殊事例、單一流失客戶的心理，並想像產品可能提供的潛在便益性與獨特性的組合，諸如適合日本料理與茶飲的軟水客戶策略，甚至是開發用於沖泡出美味咖啡的硬水的客戶策略等，不同客戶策略的潛力便會浮現。當然，我們仍然需要考量各別客戶策略有多少可以從中發現價值的潛在客戶、客戶終身價值是多少，以及為了實現該客戶策略所必要的、包括產品開發在內的手段方法（HOW），也有必要評估是否具備投資效益，但應可藉此找出突破同質化價格競爭的新利潤來源。

藉由客戶動力學的角度觀察整體市場，並以客戶中心解讀客戶心理，不僅是現有產品，還能夠發現新產品和新業務的可能性。

4-4 亞馬遜與iPhone的客戶動力學

藉由客戶動力學，避免策略過時

以客戶動態為前提的市場，一切「策略」、「執行策略、行動」，乃至「組織」都正在過時。以讓忠實客戶更進一步忠實客戶化為目標所訂定的策略，即使是以客戶行動數據的精密分析結果為基礎，仍是以直至昨天為止發生的過去客戶行為為前提假設，更幾乎不可能理解導致該行為的心理變化。

即使是尚未獲得的客戶，若該客戶意識到競爭也將產生變化。換言之，以客戶行動數據為重心的企畫，會因受到競爭對手與社會環境動向的影響而不斷被淘汰。唯一所能做的就是，將基於過去客戶行動數據所製定的企畫盡快付諸執行。花越多時間讓公司內外部各方來分析、討論與思考，企畫本身就越容易變得過時且遠離目標。

相較於此，本質上連動到持續性業務成長的策略，所應該追求的目標在於：理解現在眼前客戶的心理與行動，盡快建構客戶策略，規畫並執行實現該客戶策略的手段方法，並運用PDCA循環檢視成果。下一步，則是在組織內部創建讓一系列行動得以實現的體制。這便是客戶中心的經營管理改革。

為此，以TAM客戶數來定義市場整體，持續透過客戶動力學來掌握TAM內客戶如何變動非常重要。為了解決經營管理上提升獲利能力的問題，大家需要做的是：藉由客戶動力學視覺化，持續不斷掌握在「客戶中心的經營結構」架構中，黑箱化的客戶心理與行動之間的關係與變化，洞察持續提高客戶所發現價值的客戶策略（WHO&WHAT），以及實現相關策略的手段方法（HOW）的改善強化（PDCA）。

亞馬遜的客戶動力學和客戶策略

以亞馬遜為案例，思考策略性的補抓TAM客戶數並實現業務持續擴展。關於亞馬遜，已經有許多書籍與分析研究問世，雖然用詞不同，但我認為因為亞馬遜是一家明確定義TAM、透澈了解客戶動力學與客戶，並善加運用客戶策略的企業。

亞馬遜創業於一九九四年，對於當時任職於寶僑的我而言，是即時體驗到商業典範（paradigm）轉變的機會。當時，我寶僑時代同事的賈斯柏・陳（Jasper Cheung，現為亞馬遜日本董事長）在二〇〇〇年轉職到亞馬遜時，我還問過他「為什麼要去一家那麼小的公司呢？」」，至今我仍為自己的提問感到羞愧。

根據傑夫・貝佐斯（Jeff Bezos）的著作《創造與漫想》（*Invent and Wander*）提及，他創業的契機在於一九九四年當時見識到每年以二十三倍速率成長的網路，希望創建類似於「目錄郵購的網路版本」之類的商業運作。在美國，目錄郵購銷售的歷史悠久，由於除了生鮮食品以外的品項，幾乎皆可透過此一途徑銷售，所以前述創業構想相當於選擇以「所有可以透過目錄銷售或實體零售店銷售的商品與服務」為TAM，同時也等於要取代目錄郵購與實體零售店。雖然此巨大市場定義令人恐懼，但後來回顧，可以說針對此一巨大TAM，亞馬遜最初選擇的客戶策略創造出具有最高投資報酬率的客戶動力學。

在亞馬遜創業之初，貝佐斯列出了可在網路上銷售的二十個不同類別的商品清單，在評估市場需求、價格性與商品種類豐富程度等因素後，將最初的候選類別範圍縮小到音樂CD、個人電腦主機、個人電腦軟體、錄影帶與書籍五項，最終定為書籍。最初的客戶策略為「購買書籍的客戶」（WHO）與「不用去書店就能買到各種書籍」（WHAT）。當時，大眾閱讀市場上所流通的書籍約有兩百萬種，即使是亞馬遜也不可能全數齊備，據說是以腳踏車代步奔波來為每張訂單備貨，但許多客戶從中發現高價值，客戶數急速成長，並於一九九七年於那斯達克（NASDAQ）上市。在虧損的情況下持續銷售書籍，並將商品類別擴展至音樂CD、個人電腦主機、個人電腦軟體與錄影帶，亞馬遜之後的快速崛起眾所周知。

藉由圖書電商體驗，最大化「潛在忠實化客戶」

讓我們試著思考，為何亞馬遜選擇書籍的理由可說是是關鍵所在。因為閱讀某種書籍的客戶數量，在候選類別中最高。若將雜誌或漫畫、攝影集都含括在內，不分年齡、性別、宗教或地域，大多數人都會購買，書籍是普及率極高的商品類別。

透過價格低廉且便利的書籍銷售，讓此巨大的客戶群首次體驗註冊購物帳戶ＩＤ與網路支付等心理障礙門檻較高的麻煩事，爭取他們認同網路銷售（電商）很方便的便益性很重要。結果，這可以解讀為打開了通往銷售各種商品與服務的巨大客戶動力學之門，即亞馬遜最大化了「潛在忠實化客戶」。簡言之，在長年虧損的基礎上，將線上銷售的價值（便益性與獨特性）與亞馬遜的價值畫上等號，透過書籍銷售傳遞給為數眾多的客戶。

透過在網路上購買書籍的經驗，向成為電商「潛在忠實化客戶」的客群銷售其他類別的商品，遠較銷售商品給未有電商經驗的客戶來得容易。其後發展的音樂ＣＤ、個人電腦主機、個人電腦軟體與錄影帶等，都是各別以「已在亞馬遜網站上有書籍購入經驗的潛在電商客戶」為對象（ＷＨＯ）提出銷售提案，並持續提升「潛在忠實客戶」的單次消費金額與消費頻率。換言之，透過書籍獲得「潛在忠實化客戶」，向該客戶提供其他類別的商品或服務，藉由交叉銷售持續提高單次消費金額與消費頻率……打造出如此的客戶動力學（第176頁圖4-8）。

若最初的客戶策略，是向喜愛音樂的客戶提案ＣＤ銷售，那麼之後亞馬遜的投資報酬率將轉趨低落。購買書籍的客群中也有許多人同樣會購買音樂ＣＤ，反之購買音樂ＣＤ客群中會購買書籍的客群重疊比率較低。若當初未選擇流通種類高達兩百萬種的書籍，而是認為從範圍較小的類別開始較為容易而選擇了其他類別，今天我們所認識的亞馬遜可能就不會存在了。玩具反斗城的玩具電商、鞋子零售商Zappos等特定類別的電商之所以最終不敵亞馬遜，可以說理由便在於最初所創建的客戶基本盤的類別差異。若以如第176頁的圖4-9的文氏圖（Venn diagram）來呈現各類別的購買者之間的關係，其所代表的意義便清晰可辨。

大家在說到亞馬遜的成功時，經常會提及以購買數據為基礎的個人提案（推薦功能），是以書籍購買者為第一層對象（ＷＨＯ），自其中以音樂ＣＤ購買者、電器製品購買者等的形式，縮小ＷＨＯ的目標範圍並連動到客戶策略，藉此提高投資報酬率。首次電商購買體驗，是源於書籍是可能具有最大電商客戶數的類別，可說是重大的分水嶺。如此想來，便能理解亞馬遜何以很早就推出了不具獲利性的電子書籍Kindle，並持續投資。

如同接下來說明的，亞馬遜在擴大銷售商品類別、商品數，以及ＴＡＭ內整體客戶數的過程中，同時藉由陸續推出有別於單純商品類別擴展的其他服務，一舉強化忠實客戶的忠實化（提升單次消費金額與消費頻率）、最小化客戶流失的幅度，並促進流失客戶的回歸。

在二〇〇三年，亞馬遜推出了第三方賣家不僅可銷售新商品，也能銷售二手商品的亞馬遜市集（Amazon Marketplace），在不增加自身庫存的狀況下增加銷售商品，於主要銷售類別納入二手商品此一新選項。接著在二〇〇五年，推出免運費且快速到貨的Amazon Prime，解決對所有客戶而言都是心理負擔的運費問題，大幅提升單次消費金額與消費頻率，強化了客戶忠實化。並在二〇〇七推出能夠線上閱讀的Kindle裝置，透過為書籍此一擁有最高客戶數的商品類別提供便利性，強化忠實化（提升單次消費金額與消費頻率），並預防客戶流失。

時至二〇一五年，則推出無限量影片視訊隨選服務Pime Video、音串流平台服務Prime Music，以及一小時內商品配送服務Prime NOW等服務，進一步推進客戶忠誠化，持續全面強化客戶數、單次消費金額與消費頻率。

換言之，針對各種客戶群擴大銷售商品範圍，藉此增加新客戶（獲得新客戶、吸引流失客戶回歸的客戶策略），藉由擴大銷售商品範圍與促進消費者購買與使用的各種服務組合，增加現有客戶的單次消費金額與消費頻率（現有客戶的忠實客戶化、預防客戶流失的客戶策略），擴展並同時鞏固TAM的整體數字。

正如在第102頁所提及的，擴展TAM不外乎創造客戶。亞馬遜的各項策略可以解讀為是透過重新審視TAM來擴展客戶。

圖4-8　亞馬遜的客戶策略（WHO&WHAT）

客戶策略❶	WHO：書籍購買者 WHAT：能夠購得各種書籍（毋須到書店）
客戶策略❷	WHO：音樂 CD、個人電腦主機、個人電腦軟體、錄影帶購買者 WHAT：能夠購得各種商品（毋須到實體店鋪）
客戶策略❸	WHO：電器製品、玩具、運動用品、家具、日用品購買者 WHAT：能夠購得各種商品（毋須到實體店鋪）
未來的可能性	WHO：生鮮食品、住宅、高級時尚、園藝用品、藥品，以及融資、物流、支付、保險等服務的購買者 WHAT：能夠購得各種商品（毋須到實體店鋪）
	WHO：所有能夠流通的商品與服務的購買者 WHAT：能夠購得各種商品與服務（毋須到實體店鋪）

圖4-9　亞馬遜的初期客戶策略（WHO&WHAT）

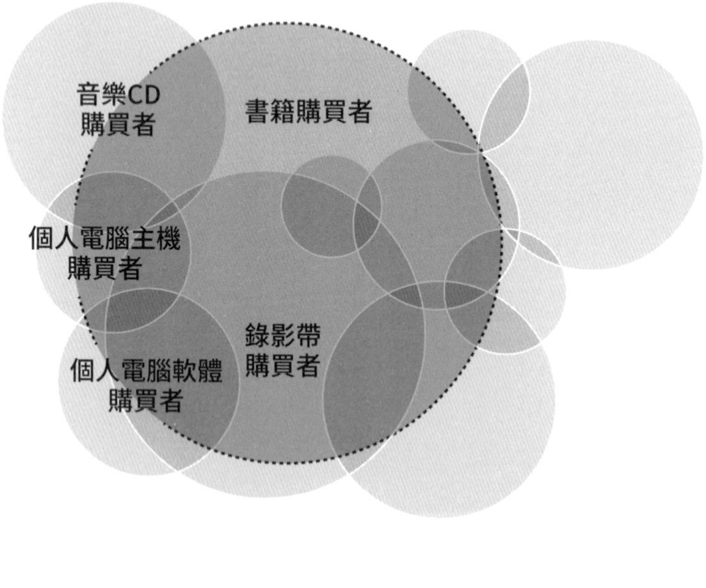

亞馬遜成長期的客戶動力學

TAM為所有可能流通的商品與服務

亞馬遜在成長初期的客戶動力學，可以圖4-10加以視覺化。可以理解為此時建立了以下四種客戶策略。

1. 向書籍購買者的「潛在忠實化客戶」，提案他們有興趣的不同商品類別，提高單次消費金額與消費頻率
2. 向減少書籍購買的「潛在回歸客戶」，提案他們有興趣的不同商品類別，促進回歸
3. 向以書籍為中心的各式各樣類別的「潛在新客戶」，提案各別不同商品類別，獲得新客戶
4. 為預防客戶流失，向書籍及各種購買漸趨減少的客戶，提案他們有興趣的不同商品類別

為了支援這四類客戶策略，亞馬遜強化了基於客戶消費數據的推薦服務功能，而為了培養「潛在忠實化客戶」而著力投資於包含與網路銷售（電商）相關的物流功能，到提升全方位客戶體驗的項目。所有的投資活動都與建構為客戶創造與追加價值的客戶動力學密切相關。

在二〇二〇年底，商業分析平台CB Insights發布了一份「亞馬遜將顛覆的九個行業」報告，合

圖4-10　亞馬遜初期的客戶動力學

TAM＝所有可能流通的商品與服務的購買者

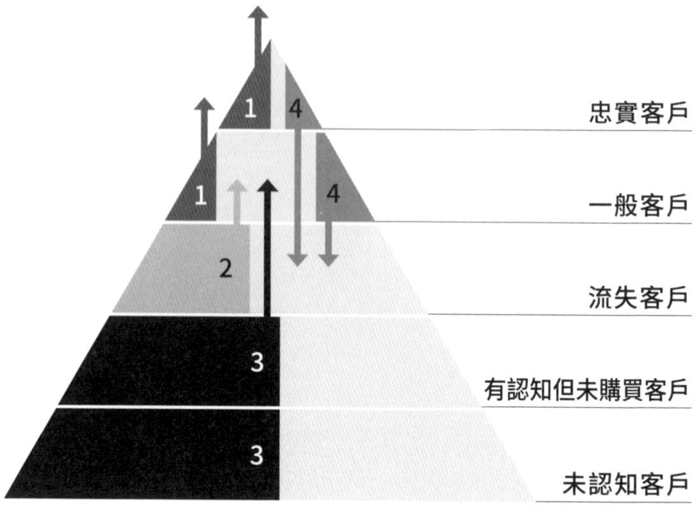

1	透過向亞馬遜上的書籍購買者，提案其有興趣的不同商品類別 **最大化「單次消費金額」與「消費頻率」**
2	透過向購買書籍減少的流失客戶，提案其有興趣的不同商品類別 **吸引流失客戶回歸**
3	向以書籍為中心的各類別商品購買者，提案各別類別的商品 **獲得新客戶**
4	向書籍及各式購買漸趨減少的客戶，提案其有興趣的不同商品類別 **預防客戶流失**

- 亞馬遜集市的二手商品亦為範圍對象
- 以Amazon Prime降低運費負擔
- 以Kindle擴展閱讀時間與場域

作媒體《日經新聞》也進行了相關報導。如報告中所述，亞馬遜未來也將持續穩定開發針對「潛在忠實化客戶」的各式商品與服務。由於客戶數與銷售額都已是鉅額數字，儘管成長率將放緩，但仍可預期業務將持續成長。

以客戶動力學思考新業務與多角化經營

在定義整體市場，並以客戶動力學及客戶與現有產品之間的關係來掌握市場後，思考投資活動、產品開發和新業務開發，至關重要。我想以各位讀者熟悉的企業為例說明，大家應該十分易於理解。

另一方面，自昭和時代以來，在各式各樣企業開發出出色產品並不斷成長的狀況下，也有許多例子因業務多角化發展，反而損及獲利能力而無法順利成長。這些案例幾乎都投入了資金與人員後發加入（late comer）某個成長型市場，但獲利能力未見提高反而停滯不前，以致必須退出市場，甚至損及本業獲利能力。

而我之所以舉亞馬遜為例的理由之一，正是因為啟動新業務或展開多角化經營，首先應該考量的是如何串聯對自家公司潛在忠實化客戶而言的創造價值。首先我們應該自問，能夠為公司的現有客戶創造何種價值，而後透過思考前述價值可以僅憑自家公司之力提供，或是需要結合公司外部力量合力提供，讓埋沒於市場中的新價值得以被客戶發現。

iPhone從重新發明電話開始

接下來，我將試著舉出iPhone利用多種客戶策略，實現壓倒性成長的例子，與亞馬遜一樣，這是一家我得以從其誕生至今一路觀察的公司。iPhone為了最大限度的為客戶提供價值，不僅是自家公司的能力，也靈活運用第三方的能力來實現壓倒性的成長。

iPhone自誕生以來僅花了十五年便成為全球性產品。然而蘋果堅守祕密主義，幾乎未曾公開未來計畫，新產品或新業務也僅在官方發表會上亮相與公布。不過，藉由回顧歷史，能夠理解iPhone出於何種目的而部署了相應策略。

我認為蘋果從來沒有使用過客戶策略（WHO&WHAT）這個詞彙，但若觀察其迄今為止的歷史變遷，便會發現其所設定的客戶策略絕非單一。在推出與開發iPhone產品時，很明顯自一開始蘋果便是基於多個客戶群與便益性、獨特性的組合策略，而進行產品開發、功能開發、升級與擴展產品陣容。這並非是此行業常見的、由企業端所主導的籠統功能提案型的產品開發模式。

推動iPhone成為全球性產品，以智慧型手機改變世界的策略起點，能夠在二〇〇七年一月九日的「MacWorld」中、史帝芬・賈伯斯（Steven Jobs）的簡報中看出端倪。賈伯斯介紹iPhone是融合

圖4-11　賈伯斯針對各類別市場規模比較圖

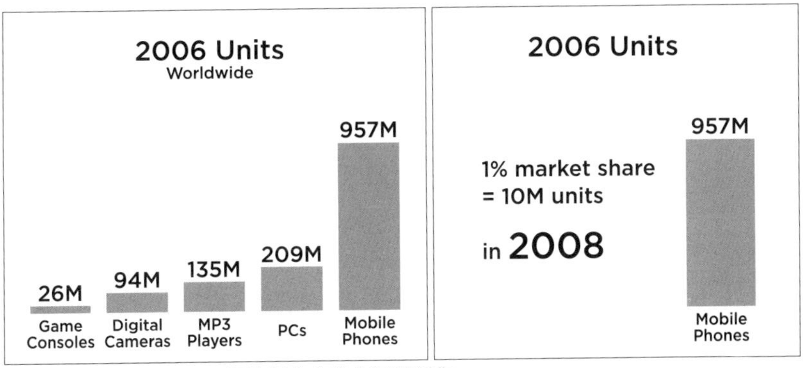

以2007年「Mac World」賈伯斯的簡報為基礎製作

iPod、電話與網路於一體的「重新發明的電話」。此處所稱的網路功能僅有郵件、Google地圖（沒有GPS功能）與天氣預報等項目，當時賈伯斯的主要訴求為「結合了電話與iPod的音樂播放功能」。

而在簡報的後半段，賈伯斯針對iPhone的銷售目標提出了「在二〇〇八年銷售一千萬台，相當於手機在二〇〇六年的全球銷售台數為九億五千七百萬台的百分之一」。如同他所宣告的，實際上iPhone在二〇〇七年銷售了三百三十萬台、二〇〇八年銷售了一千一百四十一萬台，達成了銷售目標。這件事足以令人驚奇，不過回顧當時簡報的第一張投影片上的各類別市場規模比較圖時，可以看出當時賈斯柏所展望的TAM與最初的客戶策略，也就是iPhone與客戶之間的關係（WHO&WHAT）。

從 iPhone 的產品提案，解讀客戶策略

在這張投影片中，除了二〇〇六年的手機全球銷售台數為九億五千七百萬台，也呈現了遊戲機為兩千六百萬台、數位相機為九千四百萬台、MP3 player（數位音訊播放器）為一億三千五百萬台，以及個人電腦為兩億零九百萬台等銷售數量資訊，賈伯斯稱「手機是壓倒性多數，因此還有成長空間」。隨後立即宣布自原本的公司名稱Apple Computer, Inc，刪除computer一詞，更名為Apple, Inc。這意味著電腦不再是TAM。

至此，可以確認TAM是當時十億位擁有手機的客戶，而且由於這個數字在這段期間以兩位數的速度增長，幾年後將達到二十億台，同時代表在不遠的將來，三十億的巨大TAM已經在望。

在二〇二一年，iPhone銷售量已成長為兩億三千七百九十萬台，若回顧新功能開發、新商品與新服務的歷史，可以得知二〇〇七年當時在這張投影片上的所有產品類別都已經被納入考量，因應各別類別的需求，都存在著iPhone功能開發的客戶策略。

亞馬遜將所有可能流通的商品與服務視為TAM，而最初選擇的商品類別為普及率最高、客戶數最多的書籍此一事實，與賈伯斯選擇了電話能涵納吸引遊戲機、數位相機、MP3 player與個人電腦的客戶、客戶總數最高的事實，都源於相同的發想。iPhone被視為電話，並贏得眾多客戶的支持，可以說最大化了單次消費金額、使用頻率與消費頻率。兩家企業的差異主要在於是否結合運用

外部力量。

自二〇〇六年以來，iPhone是如何利用產品便益性和獨特性來吸引過往的手機所無法涵納的各種客戶群？讓我們回顧iPhone主要的產品提案。

■二〇〇七年　拓展為能夠聽音樂的手機

iPhone推出的第一年，如同大家所預期的，重點在於吸引能在「能夠播放iPod音樂的電話」中發現便益性與獨特性價值的客戶群。然而，此時大多數的手機用戶將iPhone視為「價格高昂、專業化，相當於iPod擴充版，以音樂愛好者為目標市場的產品」。換言之，除非消費者對手機中所新增的iPod音樂播放功能有濃厚興趣，否則會認為現有的手機便足夠了。在這層意義上，當初計畫以手機出貨量的百分之一為銷售目標，可說是雄心勃勃卻又在情理之中。

由其後的發展，可以看出iPhone的策略是將多種不同的客戶需求納入考量，並推動針對不同客戶群的功能開發與實現。

■二〇〇八年　推出APP商店App Store

而在第二代機種、二〇〇八年的iPhone 3G上，一併導入了可以滿足不同客戶需求的ＡＰＰ商店（App Store），以及由蘋果以外的第三方所創製約五百種的ＡＰＰ。iPhone在此後不僅是遊戲、音樂與數位相機，也成為影片視訊、新聞、社群網站等其他各種資訊與娛樂的入口網站。這確實落實了邁向重新發明電話的功能。藉此，蘋果得以在外部第三方的合力協助下，提出以單憑自己的資源與優勢無法實現的價值創造。

■二〇〇九年 透過計費，促進APP產業的發展

在二〇〇九年，iPhone導入APP內的計費功能，APP開發者得以賺取高額報酬。iPhone實現了當初重新發明電話的願景，催生了如同字義所示的「智慧型手機」，並創造出融合了全球各地不同程式開發者多元創意的「APP產業」，這也成為確立以推特（Twitter）、臉書（Facebook，於2021年後公司更名為Meta，服務名稱仍保留臉書）為首，以及後來的Instagram、Uber等事業營運模式的助力。甚至連亞馬遜這樣的業界龍頭，也不得不加入使用此入口平台的行列。

iPhone甚至也未執著於蘋果自家公司的音樂播放功能（iPod，後發展為Apple Music），這原本可說是iPhone獨特性的一部分，容許之後成為競爭對手的Spotify與Amazon Music在iPhone上提供服務，蘋果成為優先考慮對客戶提出價值主張的平台。許多公司由於自身技術的制約，在為客戶創造價值上打了折扣，即使是索尼，過去也曾因堅持自己的影像錄製技術和數位音樂發行格式而陷入發展停滯。蘋果在iPhone上並沒有做出這樣的選擇，而是透過運用其他公司的力量來為客戶帶來最大價值的同時，擴展APP商店的服務範圍並從中賺取部分收益。這確實可以稱之為客戶中心的重大

發明。

在二〇一〇年iPhone 4問世時，已經實現了至今未有的複製貼上功能、運行多個ＡＰＰ的多工處理功能，以及搭載高解析度的Retina顯示器等，並開始促進推廣手機與個人電腦並用。

■二〇一二年　藉由低價版擴展客戶群

隨著二〇一二年iPhone 5的高速化發展，圖像功能、相機性能與電池性能的強化，並搭載各式感測器，可以說完成了整合至今分散於相異類別的多元化需求與客戶的智慧型手機產品提案。在二〇〇七年發表iPhone時所納入考量的，是針對手機、音樂（MP3 player）、個人電腦、遊戲與數位相機等不同客戶群所制定各別客戶策略的意義正在減弱。

在這一年，可以看出iPhone在客戶策略上出現了重大轉變。由於iPhone的巨大成功，產業競爭也日趨激烈，各廠商紛紛仿效iPhone打造出同質功能，展開價格競爭。於是，「iPhone功能強大卻價格昂貴」的形象越來越鮮明。因此在次年，蘋果推出了iPhone 5c，這是一款功能有限、容易入手且有五種顏色可供選擇的低價版iPhone，啟動了新的客戶策略。

此一策略取得了重大勝利。自此以後的商品開發皆是以：①作為電腦的延伸擴展等的工作／業務相關便益性；②音樂、影像、社群網站等的休閒娛樂便益性；③主要訴求入門族群的功能與價格平衡便益性這三個客戶策略（WHO&WHAT）為主軸。

iPhone 5c上市當時，蘋果執行長提姆・庫克（Tim Cook）提到「並非以銷售低價手機為目標」。在理解iPhone的目標客戶策略上，這是一個非常重要的陳述。針對入門族群（WHO）的產品提案，僅是以適當合理的價格提供對該族群而言必要且充分的高性能便益性，並非如同競爭對手提出、合於低價格的低性能商品提案。在iPhone 6之後，這一點端看二〇二一年的iPhone 12與iPhone 13的商品組成便顯而易見。

■二〇一五年　汽車、金融……新客戶策略

前述的①②③項客戶策略讓iPhone的業績大幅成長，支撐年銷量超過兩億三千萬台。同時，也可看出這將成為未來大規模投資對象的客戶策略徵兆。

相關臆測的新聞消息越來越多，然而隨著二〇一三年蘋果在iPhone上導入CarPlay（使iOS系統可與車用系統相容），開始探索進軍汽車領域的客戶策略一事已十分明確。Carplay對於汽車駕駛人而言是相對小規模的客戶策略，但未來，當然應該將重新定義汽車產業的基礎「移動性」當成重大根本性的客戶策略來考量。

而二〇一四年，在iPhone 6上實現Apple Pay（台灣市場則自二〇一七年起導入Apple Pay）的策略本質也相同。毫無疑問地，蘋果正在摸索尋找一種不僅針對眼前的支付工具，而是旨在將金融相關領域類別全納入考量的商品開發方式。

■二〇一五～二〇二一年　穿戴式裝置的普及

此外，搭配iPhone使用的穿戴式裝置也日益發展。Apple Watch於二〇一五年、AirPods則是於二〇一六年問世，同年並預測穿戴式裝置整體的銷售數量在二〇二一年將超過一億台。以銷售數量而言，穿戴式裝置相當於iPhone銷售總數量的四〇%，一年商機高達三百億美元。未來一定會進一步推出AR/VR的頭戴顯示器或眼鏡，將實體大千世界導入智慧型手機。

iPhone問世至今大約十五年，與最初重新發明手機的願景相較，已經發生了很大的變化。電話、音樂播放器、商務電腦、相機、GPS終端導航、影片播放器、溝通工具、旅行計畫工具、約會工具、汽車導航輔助、支付工具、手錶時鐘、耳機……iPhone目前涵蓋了許多與日常生活相關的功能便益性。在二〇〇七年一月九日的「Mac World」中，所有在賈伯斯簡報中被提及的類別（需求）皆被重新定義，並且被iPhone一網打盡。

秉持誠摯，建構客戶中心策略

大家當然很容易將這一連串的發展歸因於賈伯斯天才的傑作，但當賈伯斯於二〇一一年過世之後，iPhone仍持續不墜的優勢究竟何在？此外，又應該如何看待iPhone所使用的大部分零件或技術皆非內部開發，而是來自外部採購的事實？這並非蘋果因自有技術而推出產品，而是正因為以客戶中心為客戶創造價值的概念深植於公司內部，所以也從公司外部採購必要技術與選擇合作伙伴。

圖4-12、圖4-13，以及第191頁的圖4-14，總結彙整了iPhone在成長初期階段的客戶動力學與主要的客戶策略。以客戶與產品提案的關係性，來逐一解讀iPhone自誕生問世以來至二〇二一年為止的發展變遷，可以發現蘋果的優勢在於將客戶的潛在需求與外顯需求皆視為一巨大的TAM，誠摯地將被客戶認同為價值的便益性與獨特性落實到產品中，進行相關開發作業、兼採第三方參與，並持續向客戶提出方案。這既不是單純回應客戶掛在嘴邊的外顯需求的市場導向，亦非企業端想要開發的功能企業主導產品開發模式。判斷的基準在於客戶是否能從中發現價值。

可以斷言的是，蘋果誠摯地思考了「客戶在生活中發現巨大價值的便益性與獨特性為何？能夠回應這些需求的產品是什麼」的問題，並且開發與提供了他們認為的答案。換句話說，他們思考自家產品能夠提供的便益性與獨特性，並依據時間軸建構打造客戶可以從中發現價值的便益性與獨特性的組合。蘋果在沒有賈伯斯的情況下，實踐了秉持極誠摯的客戶中心策略，由此事實觀之，我堅信此一概念的本質可以在許多企業組織中得到貫徹。

截至目前為止，我已經針對實現客戶中心的管理改革所需的三個基本架構「客戶中心的經營結構」、「客戶策略」，以及「客戶動力學」的概念及各別的運用方式進行了說明。下一章第五章為應用篇，我會介紹在能夠進行量化問卷調查的情況下，如何從TAM到五區間分類，並擴增為九

圖4-12　iPhone的客戶策略（WHO&WHAT）

客戶策略❶	WHO：手機購買者 WHAT：能夠播放 iPod 音樂的手機（電話與 iPod 合而為一）
客戶策略❷	WHO：遊戲、數位相機的使用者、購買者 WHAT：只要有 iPhone 就能夠玩遊戲與拍攝照片
客戶策略❸	WHO：各式各樣遊戲、音樂、相機、電腦功能、影片播放、社群網站與電商服務的使用者、購買者 WHAT：透過 iPhone 上的 APP，享受上述服務 （透過 APP 自行選擇必要的便益性）
客戶策略❹	WHO：日常使用手錶時鐘、耳機、導航等功能的客戶群 WHAT：透過 Apple Watch、AirPods、Carplay 與 iPhone 搭配使用，同時實現多元多樣的便利性
未來的可能性	WHO：汽車購買者、視移動為必要手段的客戶、實體世界便益性購買者 WHAT：透過與 iPhone 搭配運用，取代部分 AR ／ VR 設備、Apple Car、住家或實體世界的便益性 不存在於實體世界，在數位環境中的新形態便益性體驗（元宇宙）

圖4-13 iPhone初期的TAM

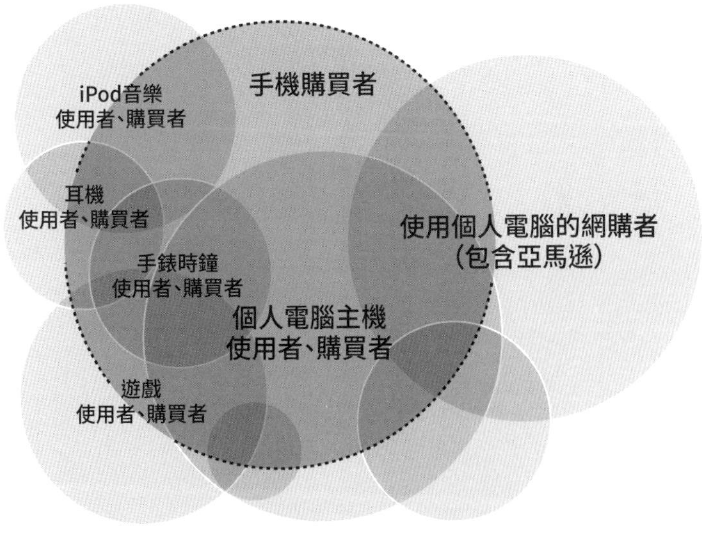

區間分類，藉此更精準細緻地掌握客戶動態。在客戶分類上新增「下次購買意願」（Next Purchase Intention, NPI）此一指標的「九區間客戶動力學」。

暫時未有計畫進行問卷調查的讀者，可以先跳過這一章，直接進入第六章「客戶中心的經營管理改革與願景」，閱讀該如何從明天就身體力行客戶中心經營管理的具體步驟順序，以及所希望實現的客戶中心經營管理願景等相關內容。以後可以再回頭閱讀第五章，理解想深入研究「客戶動力學」時會激發哪些可能性。

圖4-14　iPhone的初期客戶動力學

TAM＝手機購買者

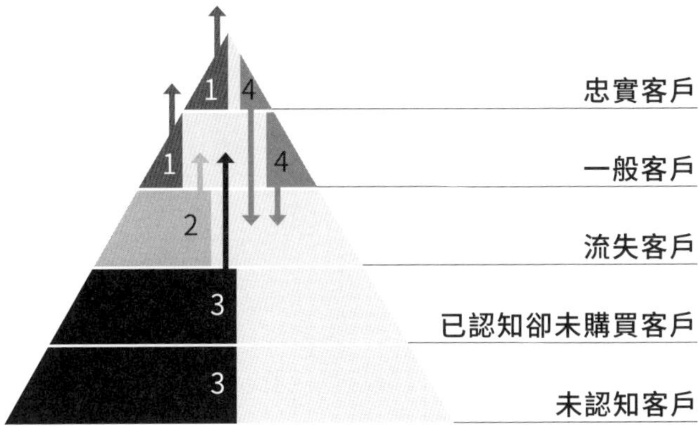

1	**針對iPhone購買者** ・具有追加功能、可高度替代個人電腦的高階版 ・具有電話與音樂以外的追加功能、APP ・Apple Watch或AirPods等系列裝置的產品提案	▶最大化「單次消費金額」與「消費頻率
2	**針對更換為其他手機或智慧型手機的客戶** ・具有追加功能、可高度替代個人電腦的高階版、功能精簡的低價版 ・具有電話與音樂以外的追加功能、APP ・Apple Watch或AirPods等系列裝置的產品提案	▶吸引流失客戶回歸
3	**針對對iPhone有興趣但尚未購買者** ・能夠播放iPod音樂的手機 ・具有追加功能、可高度替代個人電腦的高階版、功能精簡的低價版	▶獲得新客戶
4	**針對電話與音樂功能使用頻率減少的客戶** ・具有追加功能、可高度替代個人電腦的高階版、功能精簡的低價版 ・具有電話與音樂以外的獨特追加功能、應用程式 ・Apple Watch或AirPods等系列裝置的產品提案	▶預防客戶流失

案例

藉由客戶策略，實現新創企業的成長

面對客戶，克服來自新冠肺炎疫情的負面影響

我將介紹已獲得他們同意、目前正在協助諮詢的兩個實際案例。Asoview和Life Is Tech都提出了具有獨特性的便益性提案並獲得客戶青睞，業務蒸蒸日上。

不過，也正因為他們是成長速度快的新創企業，可能會在短時間內面臨各種挑戰。特別是過去兩年新冠肺炎的影響劇烈，兩家公司都面臨困難，但透過不斷致力於客戶理解、穩步落實相關措施，兩家公司的業務都已恢復並取得進一步的進展。

案例1：Asoview

■與去年同期相較，減少九五%的重大打擊

接下來，我將介紹以「讓遊樂成為生活」為使命的新創企業Asoview股份有限公司（董事長兼CEO 山野智久）所實施的客戶中心經營管理改革。Asoview有兩個營運面向，一是經營B2C的旅遊休閒活動預約網站，二則是B2B，為觀光休閒產業提供軟體即服務（Software as a Service，SaaS）的預約系統等服務。我也投資了此家公司，並自二〇一九年開始提供諮詢服務，而在山野董事長率先行動貫徹客戶中心經營管理的情況下，他們克服了因新冠肺炎疫情所導致的毀滅性銷售減少，並在二〇二一年十二月二十三日成功籌集了三十億日圓資金後，持續實現業務的大幅成長。

過程中，我們經過各種討論和分析，實施了客戶中心的經營管理改革，但在此處我將重點聚焦在客戶策略的變化上說明。

二〇一八年我們開始進行業務改革討論，當時雖未明確提及，但Asoview的營運是針對二十世代的年輕男女族群（WHO），提供多元豐富的、週末休閒活動選項（第195頁圖4-15）。主要以水肺潛水或滑翔傘等戶外體驗或陶藝、玻璃工藝等傳統體驗等，有別於過往的出遊、觀光體驗為產品（WHAT），藉由數位媒體與公關活動等手段方法（HOW），實現客戶策略並擴展業務。

在這個時間點，由於並未針對實際客戶的預約數據或消費數據進行客戶別分析，無法確定執行的客戶策略是否正確。因此，在進行包含檢驗透過其他方式提升獲利能力可能性的分析時發現，實際上大多數的預約與消費並非來自於二十世代的年輕族群，而是來自於有孩子的家庭客戶的重複消費。雖然就人數而言，登錄客戶多屬二十世代的年輕男女族群，但若觀察消費頻率便會注意到兩者完全是不同的客戶策略。

其後，山野董事長率先在整體組織內進行確實的N1訪談，洞察出如圖4-16所示、以家庭客群為目標對象的三項客戶策略，並自二〇一九年下半年起，相較於之前針對二十世代年輕男女族群的客戶策略，優先專注於致力實現家庭客群客戶策略。新追加的多元休閒方案也是針對此一客戶群所開發。

結果新客戶開始增加，然而就在業務成長力道強勁的二〇二〇年春天，遭逢新冠肺炎疫情而造成市場需求劇減。整體休閒產業直接受到新冠肺炎疫情的「自我約束不外出」影響，二〇二〇年四至五月的流通金額（服務交易總額）較去年同期減少了九五％，陷入了毀滅性的災難境地。

關於包含人力資源在內的組織整體如何克服此一困難的局面，希望各位讀者務必一讀山野董事長的著作（《弱者的戰術（暫譯）》（弱者の戦術 会社存亡の危機を乗り越えるために組織のリーダーは何をしたか），此處說明當時的客戶策略與經營管理階層在客戶中心上的實踐方法。

■致力於解決休閒設施的問題

隨著客戶需求銳減，經營管理階層思考Asoview可以提供何種價值。首先，第一項客戶策略，是針對雖然想要外出到休閒設施遊玩、但又有所顧慮的父母親與孩子（WHO），提出在家也能完成的製作點心或創作手工藝品的產品方案（WHAT）。這群對象可說是在新冠肺炎疫情期間，突

圖4-15　Asoview的客戶策略（2018年）

客戶策略①	WHO：20 世代年輕男女族群 WHAT：追加豐富多元的週末「遊樂」 HOW：數位媒體、公關活動
客戶策略②	WHO：20 世代年輕男女族群 WHAT：水肺潛水、滑翔傘等戶外體驗，陶藝、玻璃工藝等傳統體驗等，有別於過往的出遊、觀光體驗 HOW：數位媒體、公關活動

圖4-16　Asoview的客戶策略（2021年）

客戶策略①	WHO：週末舉家出遊的家庭客群 WHAT：追加豐富多元的週末「遊樂」 HOW：數位媒體、公關活動
客戶策略②	WHO：週末舉家出遊的家庭客群 WHAT：能夠輕鬆搜尋、預約與孩子一同遊玩的出遊地點 HOW：數位媒體、與家庭消費品品牌（家樂氏等）合作
客戶策略③	WHO：週末舉家出遊的家庭客群 WHAT：以優惠券享受經典出遊行程，如休閒遊樂設施與溫泉一日遊等 HOW：數位媒體、電子報
客戶策略④	WHO：去休閒設施遊玩的家庭客群 WHAT：提前購買熱門休閒設施門票，毋須在購票窗口排隊便可入場 HOW：透過休閒設施的官方網站或官方社群網站帳號，發布訊息
客戶策略⑤	WHO：雖想外出（使用休閒設施）遊玩，但又有所遲疑的家庭客群 WHAT：製作點心或手工藝品等在家中的「遊戲」 HOW：數位媒體、電子報
客戶策略（針對企業客戶）	WHO：在新冠疫情中，為了預防感染而有必要規範入場限制的休閒設施 WHAT：提供毋須初始建置費用，可按日期、時段設定入場人數、無實體接觸進行入場手續的電子票務服務或預約、客戶管理系統 HOW：直接向休閒設施進行推銷

然湧現的客戶群。

而透過產品方案提供的便益性與獨特性，則是針對在無法外出而學校又停課的狀況下、擁有太多空閒時間的孩子，提供「遊戲體驗、動手做體驗」的樂趣，同時這也是一種家庭同樂的體驗。是在這樣的非常時期才能夠成立的強大價值與客戶策略。這個方向說來容易，但對於至今是以外出遊玩為前提假設推動業務發展的Asoview而言，這是從當下的客戶心理出發才得以建立的客戶策略。若是以公司觀點為中心，持續尋求「外出遊玩方案」，這個想法或許根本不會浮現，大家只會束手無策等待新冠肺炎疫情過去。

經營管理階層又更進一步思考。至今一同提出外出遊玩方案的合作伙伴、各個休閒設施所遭受的損失甚至比Asoview更為嚴重。即使在新冠肺炎疫情期間，各間休閒設施仍然希望讓客戶以分組少人數的形式，在設施內享受遊玩樂趣，但一旦以此行銷，有可能會因客戶集中在特定時段發生人潮群聚的風險，且就算要執行入場限制管理，以工作人員的人數而言也非常困難，許多休閒設施陷入這樣的兩難局面。這是Asoview的銷售業務人員在認真傾聽休閒設施的心聲時，所發現的困境。

此一兩難的困境，真的是Asoview所面臨的問題嗎？雖然直接面臨問題的企業主是休閒設施而非Asoview，但若自客戶中心觀點思考，經營管理階層將其視為Asoview所面臨的挑戰。在營運資金日漸枯竭的狀況下，Asoview的經營管理階層為了解決此一問題，決定著手開發能夠按照時間限制參觀人數、指定特定參觀日期與時間的新電子票務銷售功能。並將其納入原本提供的電子票務服務

「Urakata Ticket」與線上預約客戶管理系統「Urakata預約」中。

■指定日期和時間的電子票務服務，成為強力的便益性

令人驚訝的是，經營管理階層以初期導入費用免費的方式，無償向休閒設施提供這些服務模組。我對當時在經營管理階層的討論仍記憶猶新，不過這項投資並沒有明顯的勝算。該項投資所具備的是，在最終向一般客戶提供價值的價值鏈（value chain）中，將苦於兩難局面的休閒設施視為「Asoview應該為其提供便益性的對象」。以及，理解到為此所實現的客戶策略最終將成為一般客戶的價值、成為休閒設施的價值，並成為Asoview的價值。

此一客戶策略成為起死回生的對策。休閒業界中，除了超大型企業如迪士尼與日本環球影城（Universal Studio Japan, USJ）之外，仍有許多企業不擅於使用IT技術，儘管新冠肺炎疫情仍在肆虐，但可指定日期與時間的電子票務系統服務被認為具有高度價值。透過這個系統，一般客戶也認為「（在疫情期間）能夠安心外出」，實際的預約數也明顯增加。

此後，遍及日本各地的有名遊樂園與水族館等大型逐漸導入該服務，包含原本以有償收費方式提供的設施專用解決方案在內，業績迅速恢復。在二〇二〇年八月的流通總額是去年同期的二・三倍，而導入該電子票務服務的設施在二〇二一年十一月則擴展到約兩千五百家。

圖4-17彙整了目前的客戶動力學。在Asoview，經營管理階層不僅針對客戶行動，還將目光轉

圖4-17　Asoview的客戶動力學

TAM＝尋求週末「遊樂」者

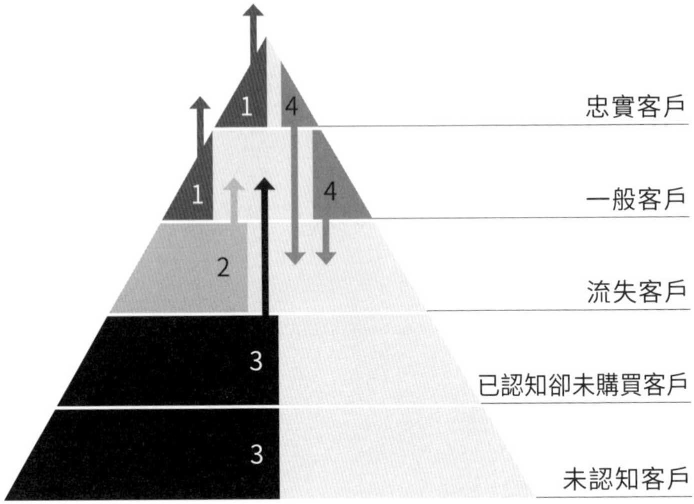

1	透過豐富多元的週末「遊樂」方案， **最大化「單次消費金額」與「消費頻率」**
2	透過製作點心與手工藝品等在家「遊樂」方案， **獲得雖想外出遊玩、但有所猶豫的家庭客戶**
3	❶ 透過製作點心與手工藝品等在家「遊樂」方案 **獲得新客戶** ❷ 透過休閒設施或一日遊溫泉優惠券方案 **獲得新客戶** ❸ 透過事先預購，毋須在購票窗口排隊便可入場的產品方案 **獲得新客戶**
4	透過豐富多元的週末「遊樂」方案 **預防客戶流失**

藉由向休閒設施提供電子票務服務、預約、客戶管理系統
提高新客戶從預約到設施體驗的整體經驗滿意度

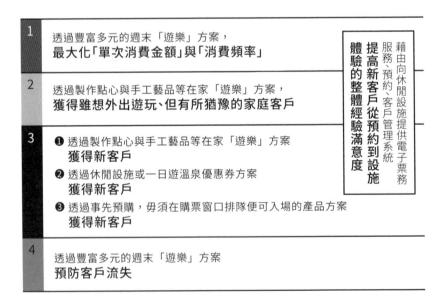

向心理、多樣性與變化，充分理解相應於客戶動力學，靈活制定與執行客戶策略的意義，可以說正是在實踐「客戶中心的經營管理」。根據該公司公開揭露的資訊，二〇二一年十月預測至第二季累計流通金額為一百三十億日圓，全年度銷售業績預測金額則為兩百三十億日圓。

案例 2：Life Is Tech

■ 累計超過五萬人參加的程式設計教室

Life Is Tech股份有限公司（董事長兼CEO水野熊介）是以提供國高中學生的IT、程式設計教育服務為核心，創業於二〇一〇年的公司。營運項目以在春假或暑假，利用位於東京市中心的大學校區，舉辦程式設計營與學校的「Life Is Tech!」為主，迄今累計已超過五萬人次參加。

基於「為了學習，『樂在其中』很重要」的理念，課程並非教師單向授課，而是花功夫規畫設計表演、課程結構與活動，使全體參加者產生團結歸屬感並沉浸在學習中。由大學生的學長姊為每個學員提供適性協助的課程特色，也受到高度讚揚。我因女兒參加過營隊，所以自二〇一九年起為該公司提供諮詢服務。得到經營管理階層的許可，接下來我將說明以客戶理解為基礎所進行的改革變遷。

在二〇一八年，為了無法參加營隊或學校活動的孩子們，Life is Tech公司與迪士尼公司簽訂授權契約，開發並推出迪士尼程式設計學習教材「科技魔法學校」。這套課程內容以迪士尼世界為背景，而為了發揮該公司拿手的「樂在學習」特色，將迪士尼的角色人物化身為家庭老師般協助學習的說明教材。

此教材剛推出時是以迪士尼粉絲為主要銷售對象，但銷售狀況漸趨穩定、未有明顯增長。教材具有由迪士尼角色人物擔綱教學的獨特性，對於迪士尼粉絲而言，提供了便益性，但在粉絲族群以外，能夠快樂學習程式設計此一便益性並未被認同具有高度價值。在同一時期此教材也進軍美國，開始銷售英語版。然而與日本一樣，雖然迪士尼粉絲的反應很好，但除此之外的族群並未受到廣泛支持，銷售狀況陷入苦戰。即使透過各式各樣的活動進行公關推廣仍然未見起色，儘管能夠憑藉迪士尼的魅力聚集人潮，卻無法一併帶動銷售。

此時，另一個平行的業務部門開發了以日本國高中等公共教育為目標市場的程式設計教材「Life Is Tech課程」，並開始進行販售。在學校場域的程式設計學習，與日益增長的高度需求相反，教學指南尚未完備，老師們在技術能力上的落差甚大，許多老師自己都很擔心。因此，這是一套為了確保學習內容不要產生落差而開發的教材。

實際上，該公司自二〇一六年起便開始提供名為「MOZER」的學習支援服務，這是老師可以使用來幫助學生樂在學習程式設計的社群網站。「Life Is Tech課程」則是以此為基礎所開發的進化版，並逐漸推廣到日本全國各地的學校。

■「和伙伴一同學習的樂趣」正是獨特的便益性

雖然「科技魔法學校」產品還有尚待解決的問題，但在營隊與學校，以及公共教育教材業務順利推動業績成長的過程中，二〇二〇年春天的新冠肺炎疫情迫使公司做出重大營運方向轉換。先前支撐營運骨幹的「營隊與學校」無法再舉辦。

營隊與學校雖然轉往線上發展，但參與者的人數卻大幅減少。同時，「科技魔法學校」的獲利能力正進入越來越嚴峻的挑戰。無論如何擔心和討論，都無法輕易找到解決對策，所以決定首先徹底進行「對現有客戶的理解」。

多方訪談了參加營隊與學校的國高中學生及其雙親，以公共教育為目標市場的業務則訪談了學校老師與教育委員會，甚至在美國，也由分公司總經理一個人確實地傾聽了對「科技魔法學校」感興趣與不感興趣者雙方的反饋意見。儘管狀況艱困，但仍持續小規模舉辦線上營隊與學校，長期持續處於尋找解決對策。

我雖也探索了其他教育業界的對策方案，但找不到立竿見影的效果。唯一能做的大概只有不斷重複「傾聽眼前客戶的聲音，尋找機會」。而後在Life Is Tech公司內部，漸漸地自行發現了可能的出路。

首先，在公共教育相關事業上，隨著眾多學校（在疫情期間）轉為線上授課，相較於其他教材，「Life Is Tech課程」更易於在線上使用，團隊意識到這可能既是獨特性，也同時為便益性。以該產品提案為中心，我們擴展了提供給教師試用的機會，選擇導入課程的數量也增加了。其後，即使新冠肺炎疫情沒有停歇，該教材贏得了強力支持。截至成稿的二〇二三年一月，透過遍及三百個地方政府的一千六百五十所公私立學校，約有三十二萬人正在使用這套教材。

此外，原本在向個人銷售上陷入苦戰的「科技魔法學校」，在日本發展銷售給企業客戶的業務。如此一來，不僅是地方政府與學校，既有的程式設計教育業者或補習班、企業等，也開始活用此教材。此外，在美國也開始將此套學程，提供給美國的中學及高中使用。

不可思議的是，以上發展的背景正在於因新冠肺炎疫情致使大家體驗到「一起在線上學習的樂趣」。在學習線上化的過程中，個人分別購買與實行線上學習計畫十分無趣，吸引個人購買（導購）的價值訴求較弱，但當多人透過學校或教育機構參與相同計畫時，便可體會到共同學習的樂趣，大家發現這便是價值所在。而樂在學習也正是Life Is Tech公司原本藉由營隊或學校所發揮的獨特性，它支持學習這便益性。換言之，公司了解到，透過向補習班等企業客戶提供「科技魔法學校」，而不是直接供個人使用，可以創造出更為強大的價值。在美國狀況也相同，藉由從向個人改為向學校供應產品，在半年內導入學習計畫者已擴展至六十五所學校。

■擴大共同學習樂趣，支持企業數位轉型

Life Is Tech公司重新認識到「與伙伴們一起學習的樂趣」正是自家公司獨特的便益性的，在二

〇二一年七月開始向一般企業提供新的研修培訓計畫「數位轉型先修計畫」（DX readiness）。許多企業都在努力推動數位轉型，但多數都陷入苦戰。曾參與過許多國高中生ＩＴ教育的Life Is Tech公司深知，要推動數位轉型僅靠引進ＩＴ技術與聘用具專業技術的人才是困難的，轉型的基礎在於「人力資源的數位轉型化」，即全體員工的數位相容性與共識。不限於組織型態或參加者職位，此計畫旨在透過實作訓練（hands on training），以培育全體員工對數位轉型抱持正面積極的心態，並具備使用數位轉型工具解決問題的基本技能。

該項研修計畫推出後不久，便被致力於推動數位人力資源培育的日本電氣股份有限公司（NEC，在台灣亦稱恩益禧股份有限公司）與三菱化學股份有限公司等企業導入作為新進員工訓練計畫，被高度評價為所有商務人士都需要的基礎數位人才培育研修計畫正迅速擴展、普及。

第4章總整理

- 客戶是動態的。客戶的心理狀況與由心理狀態所導致的行動總是不斷在改變。若能夠領先競爭對手快一步掌握客戶變化，並且迅速改變調整客戶策略（WHO&WHAT），便有可能早於對手，為客戶創造價值。
- 應該將市場視為持續不斷變化的「客戶心理與行動動態」。要實現以增加利潤為目標的營運，關鍵在於創造新客戶。換言之，便是要持續產出會繼續支持自家商品的客戶動態。

● 制定本質上連動到持續性業務成長的策略，應該追求的目標在於理解現在眼前客戶的心理與行動、盡快擬定建構客戶策略，規畫並執行實現該客戶策略的手段方法，並在組織內建立可運用PDCA循環檢視的體制。客戶中心的經營管理改革使得上述一系列行動成為可能。

第 5 章

應用篇

增添NPI的「九區間客戶動力學」

在五區間的基礎上，新增判斷業務成長的有效KPI「下次購買意願」（NPI）的軸線，便成為將客戶區隔為九類且捕捉他們動態的「九區間客戶動力學」。

藉由定量以及定期追蹤「九區間客戶動力學」，
可以更客觀地評估客戶策略並做出投資決策，
從而實現業務的持續成長與提升獲利能力的目標。

5－1

九區間：九種客戶的區隔分類

九區間是以五區間為基礎的開展形式

第三、四章為本書的「基礎篇」，彙整了可用於所有組織的內容，無論組織／經營規模大小、屬於B2C或B2B營運模式。而在本章「應用篇」中，我預想的是將調查母群體大略基準定在自家產品客戶數四百人以上就充分，而且活用可能進行顧客問卷調查的組織。在應用篇中，客戶區隔與分析會稍微複雜。因此本書的結構是以即使略過本章未讀，也能夠理解客戶中心經營管理改革的梗概邏輯，請各位讀者根據自身需求加以運用。

簡言之，如名稱所示，將五個客戶區隔增加為九個。在五區間（圖5-1）中，除了最底部的未認知客戶以外，將上面的四個客戶區隔依據下次是否有購買自家品牌的意願、即「下次購買意願」（Next Purchase Intention, NPI）的有無再進一步劃分為二，即成為客戶動力學的基礎「九區間」（圖5-2）。可說是在基礎篇所介紹的五區間客戶動力學中的潛在忠實客戶、潛在新客戶、潛在回

圖5-1　五區間（續）

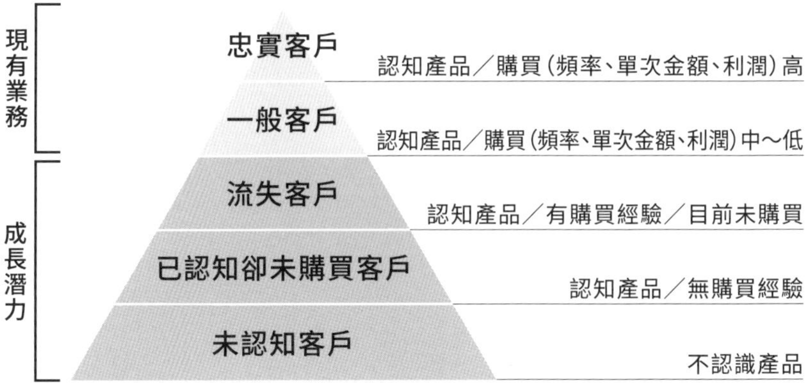

圖5-2　九區間

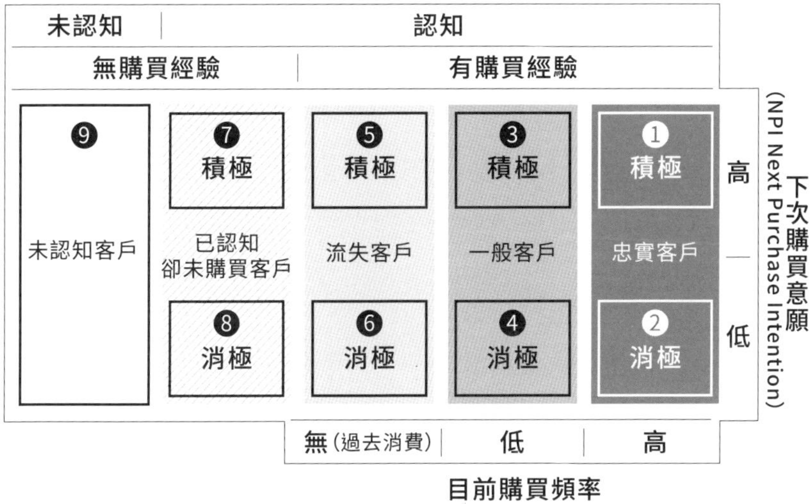

歸客戶等各別區間中，再區分出具有下次購買意願的「積極客群」。

九區間是依據五區間既有的分類：①認知的有無、購買經驗的有無、購買頻率（區分為忠實、一般、流失、已認知卻未購買、未認知五個族群，以及②下次購買意願（有＝積極，無＝消極）的兩個軸線加以區分。在編製九區間時，如同在五區間時所說明的，也是以先行定義TAM客戶數為前提。

NPI將在第212頁詳加解說，透過調查顯示下次購買意願在評斷業務成長上是有效的KPI。

每一個區隔皆被以seg. 1、seg.2等的號碼標記。segs.1、3、5、7代表具有下次購買意願者。Seg.9為未認知客戶，故沒有積極、消極之分。

將目標對象的客戶群體依據從忠實至未認知的購買軸來區分，相對而言是比較容易想像的。九區間的特徵在於以②NPI此軸線來區隔客戶。要說這一點何以重要，是因為即使同樣以高頻率購買產品、被視忠實客戶的族群，也會出現是抱持強烈購買意識而選擇自家產品，又或是抱持「其他的產品也沒關係，總之暫且購買」、「下次選不一樣的產品也沒關係」等不同的心理差異與變化。

而在下次購買意願上處於消極心理狀態的seg.2與seg.4客戶，即使這一次是客戶，但在下次的購買上流失成為非客戶的可能性很高。因此有必要將他們分類，思考他們的心理狀態又出現什麼變化，以及為此應該採取的行動為何。

此外，即使同為已認知卻未購買客群，具有NPI的seg.7會較seg.8更容易被客戶化，所以獲得新客戶的所需成本較低。相反地，由於seg.8的客戶開發獲得不易，要進行何種產品提案才能讓他們對自家產品具有購買意願，與seg.7加以區隔進行判斷非常重要。

所謂看不見客戶心理狀態，意味著將這些完全不同的潛在客戶混為一談。自然，經營管理上的投資報酬率就不可能提升。如同前述，NPI對於掌握客戶心理、持續提高經營管理上的投資報酬率極為有效。

五區間與九區間也可用於B2B營運模式

此種思考邏輯，在B2B營運模式下也相同。B2B與B2C的不同之處在於，一般而言企業客戶在購買意願定案之前的評估期間往往較長，然而，TAM、五區間和九區間也能夠適用於B2B營運模式，客戶動力學也是可行的。

在B2B營運模式下，將已認知卻未購買的客層拆解為：「①進行了商務洽談但未簽訂契約之企業客戶、②進行了商務洽談，或商務洽談正在進行中，尚未決定的企業客戶；以及③商務洽談進行前的潛在企業」三項並管理。如此一來，雖然五區間會增為七區間、九區間會增為十三區間，但在實際業務上可以直接使用。

NPI作為品牌化指標

在九區間中，相對於掌握並分類如購買經驗與頻率等與購買相關的客戶行為的橫軸，縱軸則是以「下次是否具有購買意願」的客戶心理進行分類。例如，進行了某種促銷活動的結果，客戶從左側移動到更為右側的區隔，可以解讀為活動奏效。同樣地，若實施以提高購買意願為目的的策略後，可以看出客戶從下段移動到上段，則能視為策略具有品牌化效果。

與能藉由購買增減的數值來明確掌握效果的促銷活動不同，儘管大家認為「品牌化」在經營管理上很重要，但無法測量品牌化效果，或者一直以來大家使用像好感度這樣模稜兩可的指標來評斷與事業成長的關聯。在九區間中，藉由使用下次NPI作為品牌化的效果指標，便可透過明確的量化數字變化來了解效果。

當然，公司最希望發生的情境是同時出現由左往右、由下往上的移動，所有的投資活動作為整體，皆是為了把客戶從左下往右上方向移動。

藉由NPI發現風險

在客戶流失等具體外顯的客戶行動出現之前，被定義為NPI的客戶心理在識別風險並採取對策上也能派上用場。

例如，「seg.1 積極忠實客戶」與「seg.2 消極忠實客戶」在五區間中雖然同樣被分類為忠實客戶，但在seg.2中，包含了許多單純的購買原因像「因為除此之外別無選擇」、「（若為實體店鋪）因為離家很近」、「因為便宜」。若這些人在下次有購買機會時，見到對自己而言具有便益性且替代性高的選項，則極可能轉買其他商品。

即使認同自家產品的忠實客戶比例高而且很穩定，解讀他們背後的心理是認為「如果有更好的選擇就會變心」的人卻很多，那麼其實對業務經營來說，這就是不穩定的。在此種狀況下，透過針對seg.1 的客戶進行N1分析，洞察「為何這個族群的客戶這麼積極（=具有NPI），契機或理由為何」，建立具備可複製性的假設，尋求可說服seg.2的訴求主張。

由於seg.2的客戶以高頻率購買產品，故與seg.1相同，若出現客戶流失，對於整體經營影響較大。因此，藉由盡可能將客戶由seg.2往seg.1推動，可以連帶降低肇因於外部因素導致突發客戶流失的風險。而針對由seg.3往seg.8的移動，若下段區隔（占比）較預期大，則促進他們往上段移動便是經營管理上的緊急要務。

5－2 NPI的意義與有效性

NPI是成長潛力的先行指標

在前一節中，針對以「認知、購買經驗、購買頻率」與「下次購買意願」的兩軸線將客戶分類為九個區隔的「九區間」。在本節中，我將針對在商務營運現場能夠如何具體運用NPI加以解說。NPI是我在前一本著作《讓大眾小眾都買單的單一顧客分析法》（たった一人の分析から事業は成長する 実践 顧客起点マーケティング）中以「下次購買意願」所發表的指標，而由我所共同創立的M-Force則自二〇二〇年起，將該指標視為「業務成長KPI」有效性，進行調查。

根據M-Force與日本行銷、市調公司Macromill共同調查的結果，顯示相較於傳統的認知度或好感度等KPI，NPI與市占率擴張之間的相關性更高。因此，在九區間分析中，我將NPI當成業務成長的先行指標運用。M-Force所提供的九區間分析支援，在二〇二二年三月時已經運用在汽車、APP、零售業、日用消費品等累計超過五十個類別、七百個品牌上，而協助運用九區間與

NPI建立客戶中心策略方案與導入PDCA循環的獨特工具「九區間analyzer」，也被眾多的企業所採用。

我在財務報表與客戶行動之外，將NPI視為客戶心理的KPI持續測量，不僅捕捉忠實客戶與新客戶，而是在掌握客戶群整體的基礎上，提升客戶體驗，以及調整與修正促銷與品牌建立之間的軌道。而且，NPI能支援短期與中長期之成長並行不偏廢的經營管理。

如同至今為止的章節內容所說明的，切實掌握存在於管理標的與財務表現之間的「客戶心理」狀態，在客戶中心的經營管理上極其重要。若無法掌握客戶心理，將在經營管理上留下致命的黑箱，錯失成長機會，同時也會忽略重大風險。

為了簡單掌握客戶心理的狀態，與商業的其他領域相同，設定適當的KPI並定期追蹤衡量非常有效。而推測客戶心理的KPI，在各別行業與公司使用諸如「認知度」、「好感度」，或是由美國顧問公司所提出的「淨推薦值」（Net Promotor Score, NPS）等各式各樣的指標。然而，大家在未經充分檢驗這些「在解釋業務成長上有多少說服力」KPI的狀況下，持續使用。即使是有名的NPS，在我至今所參與的經營案例中，也無法作為衡量業務成長的KPI而加以運用。我也看不出NPS與業務成長之間有高度相關性或因果關係。

因此，關於探詢下次有機會是否有意願購買的NPI，我以日常消費商品相關的六個類別與五十四個品牌為對象，進行了包含其他多個指標在內，各項指標與業務成長之間相關性的調查。如同前述，我能確認ＮＰＩ比其他指標相較是更有效的業務成長ＫＰＩ，並在二〇二一年三月公布了調查結果。並在公布結果後，我們持續進行相關調查，追蹤一定時間後，發現ＮＰＩ具有強度及其相對於其他指標的優越性。

市占率與客戶心理的ＫＰＩ

由於追蹤調查於二〇二二年五月公布，在此也一併介紹具體的調查內容。我們自初次調查以來，將ＮＰＩ與既有指標：「認知度」、「好感度」與「ＮＰＳ」進行比較。

圖5-3上方的表格，是得自於九區間的主要ＫＰＩ，即ＮＰＩ與市占率（金額占比）之間的相關性。ＮＰＩ是透過將九區間中seg.1、3、5、7等「積極區間部門」（有ＮＰＩ）的百分比相加所得出的數值。

下方表格，則為u-NPI（客戶群下次購買意願〔User Next Purchase Intention〕）與日用消費品的代表性忠誠度指標ＳＯＲ金額❶之間的相關性。u-NPI是現有客戶中的積極區間（有ＮＰＩ）所占比率，是忠實客戶中的積極seg.1與一般客戶的積極seg.3，相對於從seg.1至seg.4的整體忠實與一般客戶總數的占比。

❶金額ＳＯＲ（Share of Requirement）：某品牌一年內購買一次的年間購買金額中，占該品牌金額的比例。

圖5-3　NPI與市占率擴展的相關性調查

資料①：2020年12月取得一般常用的傳統指標與NPI，以及經過半年、1年之後的市占率指標——市占率金額之間的相關性調查，顯示與過往傳統指標相較，NPI呈現出最高度正相關。

		市占率金額		
		2020/1/1～2020/12/31	2020/7/1～2021/6/30	2021/1/1～2021/12/31
		—	半年後	1年後
NPI（下次購買意願）	所有指標皆於2020年12月取得	0.659	0.692	0.713
認知度		0.508	0.528	0.526
好感度		0.467	0.499	0.506
滿意度		0.339	0.384	0.395
NPS		0.265	0.263	0.276

資料②：2020年12月取得一般常用的傳統指標與u-NPI，以及經過半年、1年之後的回購率、購買頻率、單次購買金額之綜合性指標SOR金額之間的相關性調查，顯示與過往傳統指標相較，u-NPI呈現出最高度正相關。

		SOR金額		
		2020/1/1～2020/12/31	2020/7/1～2021/6/30	2021/1/1～2021/12/31
		—	半年後	1年後
u-NPI（客戶群下次購買意願）	所有指標皆於於2020年12月取得	0.619	0.644	0.653
滿意度		0.043	0.131	0.156
NPS		0.079	0.134	0.154

■**調查概要**

調查對象類別：日用消費品6個類別（啤酒、綠茶、能量飲料、房間用消臭芳香劑、洗髮精、袋裝速食麵）、54個品牌

調查時間：2020年1月～2021年12月

調查方法：運用Macromill，以網路調查所獲取的各項KPI分數與QPR（消費者購買履歷數據資料）進行市場數據資料相關分析

參考：http://mforce.jp/news/519.html

二〇二一年三月所公布的，是各表中左欄的數字。而接著半年後（中間欄）、以及本次所公布的首次調查一年之後（右欄）的追蹤調查結果中，針對各指標與代表市占率指標的市占率金額的相關性上，與過往的傳統指標相較，NPI也呈現出最高度的正相關。此外，針對各指標與結合回購率、購買頻率與單次購買金額三者的綜合指標SOR金額之間的相關性，也得出了u-NPI與其具有最高度正相關的結果。

最初的調查結果顯示出，NPI作為衡量提高業務市占率與實現業務持續成長的KPI具有適切性，而在本次的追蹤調查則證實了它未來預測指標的有效性。這使得更多公司得以利用NPI，並擴大NPI作為投資者評估業務成長方法的可能性。若能夠快速注意到投資活動對於客戶心理和行為所帶來的變化，也將有助於獲利能力的持續提升。未來我們將進一步驗證NPI作為業務先行指標的準確性。

結合客戶心理KPI的交互運用

如同我至今所強調的，掌握客戶心理在消除經營管理上的黑箱、避免錯失成長機會與忽略重大風險上至關重要。然而，僅靠客戶心理相關的KPI，也不能可實現業務成長。在實際的指標運用上，NPI等衡量客戶心理的KPI，會與漏斗形❶的KPI（認知、興趣、購買……）或是媒體管道別的ＫＰＩ（若是網路廣告的話，例如ＣＴＲ❷、ＣＶＲ❸……）等一起交互並用。

此外，各別的每項指標並非彼此獨立存在，若ＮＰＩ改善，則漏斗各分層的轉換率也一舉提升的狀況十分常見。論其原因，在於具有下次購買意願者，更易於成為忠實客戶、新客戶或回歸的流失客戶。

即使是已認知卻未購買的客戶，在理解產品的便益性與獨特性，下次購買意願升高的狀況下，若碰上廣告或業務推銷，便會被大大鼓動而進行消費。特別是與對產品全然未認知或未有購買意願的狀態相較，在投資報酬率上會產生極大差異。而當客戶使用產品時，由於是在已確實醞釀出對產品便益性或獨特性抱持期待感的狀態，這通常有助於維持未來的購買意願。

此外，若是已經取得認知度與好感度等部分客戶心理ＫＰＩ的狀況，先開始收集可與這些指標並行的ＮＰＩ數據資料，可以試著比較不同指標對事業說服力的差異。

在實務上重要的是，以客戶中心來發想會成為「被客戶所選擇」、「指名購買」理由的便益性與獨特性，並進行投資決策。而後透過產品體現上述的發想與決策，讓許多「未來將成為客戶者」了解產品，並在抱持適當期望值的基礎上實際體驗產品。

❶漏斗形：表現認知、興趣、購買等在各階段發生的變遷的概念圖。
❷ＣＴＲ（Click Through Rate）：網路廣告出現次數的點擊比例。
❸ＣＶＲ（Conversion Rate）：網站訪問人數中，購入和詢問等達到最後成果的比例。

在這個過程中，品牌認知度與好感度自然能提高，但若在便益性與獨特性模糊的情況下，企圖提高品牌認知度和好感度，成功機率將降低。若反過來思考，換言之即在「若提升品牌認知度，其中選擇自家產品的人也會增加吧」，或是「若提升品牌好感度，應該會有更多人選擇自家品牌吧」等的發想下，則客戶行動可能不會改變，財務表現毫無變化的狀態可能也將持續。

5-3 九區間客戶動力學的運用：十二種路徑

在九區間中，將客戶動態加以視覺化

在本節中，我將針對九區間中的客戶動力學加以解說。雖然本章內容較第四章介紹的以五區間為基礎的客戶動力學更為複雜，但由於可以在出現諸如未加購買而流失等可見的客戶行動之前，定量地辨別並掌握處於「下次打算購買／下次不打算購買」心理狀態的客戶，所以可規畫並執行積極主動的先行客戶策略。

如同第三章第102頁所說明的，若能掌握各區間的人數，之後便是定期追蹤這些人數的變化。整體而言，掌握客戶是否在各區隔間由左往右、由下往上流動，再行調整相關策略。若能夠辨別確認問題出在認知度不足，則實施推升認知度的對策。若以圖解方式加以說明，便是以由九區間往排序更為前面的區間移動為目標。採取策略之後確認各區間的人數變化，seg.9 減少的人數往seg.7 移動，又或是直接往完成首次購買的seg.3 或seg.4 增加的話，就可視為在獲得新客戶上有進展。

圖5-4　九區間客戶動力學（續）

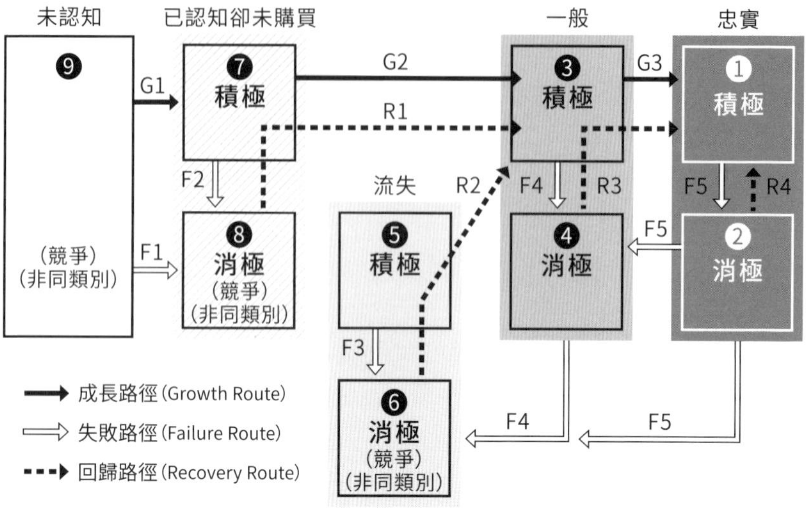

此處描述客戶實際動向的便是九區間客戶動力學圖。九區間客戶動力學也與五區間相同，能夠明確策略目的、付諸執行，並以客觀科學的方式進行PDCA循環加以檢驗。這就是此一架構的運用方式。

圖5-4的箭頭，代表了成長（或失敗、回歸）路徑中客戶具體的移動過程。推動執行某些策略的結果，若能夠使seg.1到4（現有客戶）增加，特別是忠實客戶且具有NPI的seg.1增加，換言之，即可稱之為業務成長。

而客戶在各區間之間移動的方式，實際上為數不多。無論在任何經營模式下，在九區間中，所有客戶都會遵循十二種路徑之一而移動。著名的管理和行銷理論也可以用顧客動力學來解釋。接下來，我將解釋這十二種路徑。

九區間客戶動力學的十二種路徑

綜合前述，透過在ＴＡＭ中建立九區間客戶動力學，可以了解在市場中包括競爭對手和替代品（的影響）在內，所有客戶始終處在動態移動。以此為基礎，為了推動全體客戶成為自家公司九區間中終極的終點客群，即以seg.1（購買頻率高、具有下次購買意願的客戶群）為目標，我將客戶動態以十二種的客戶路徑（Route）加以視覺化，實現所有經營資源的最佳分配。

十二種類的路徑能夠彙整為以下三大類。

1 G路徑：三種成長路徑

圖中的G代表業務成長路徑（Growth Route）。所謂具有最高投資報酬率的理想業務成長，便是seg.9的未認知客戶沿著G1、G2、G3三種路徑成為seg.1的積極忠實客戶的直線路徑。

相較於競品或替代選項，若產品的獨特性與便益性十分明確，這在市場內會成為新聞並自動傳播。客戶透過媒體或口耳相傳認知該產品的存在，追求不可替代性而指名購買，並持續購買至客戶的需求本身消失為止。由於產品本身的便益性與獨特性具備壓倒性優勢，毋須為了建立認知與刺激銷售進行任何投資，可以說是理想的成長，這就是直線成長路徑（圖5-5）。

具體而言是自「seg.9 未認知客戶」成為具有下次購買意願的「seg.7 積極已認知卻未購買客

圖5-5　三種成長路徑

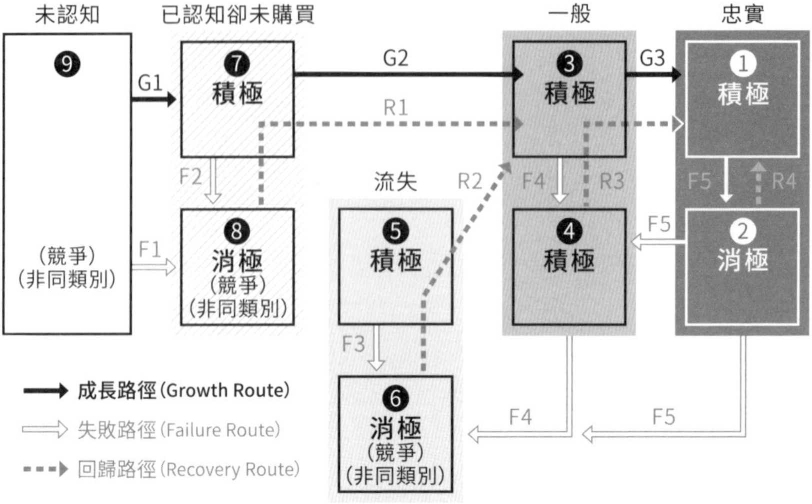

戶」（G1路徑）、經過首次購買之後成為仍保有下次購買意願的「seg.3 積極一般客戶」（G2），再成為具有高購買頻率的「seg.1 積極忠實客戶」（G3）的直線路徑。

假設，若針對一種過去無法治癒的疾病首度開發出治療藥物，該產品將帶來沒有替代品的便益性，一經媒體介紹便自然為大眾所知，自認知建構到建立產品忠誠度之間的公關、宣傳與促銷活動投資等的變動成本應該幾乎為零。這也不需要銷售部門。開發產品來回應未被滿足的強烈需求，等同於提供具備不可替代性的便益性，這是最理想的狀況。

然而，現實中這樣的狀況並不多見，不論在哪個市場中皆存在著競爭與替代品，自家公司產品所能夠提供的獨特性或便益性，在大多數狀況下，往往其中之一會相對較弱。換言之，成長路徑不會自動成為一直線，需要經由投資來建立客戶認知，激發心理變化引起客戶興趣、產生購買意圖，並引導購買行為。

2 F路徑：五種失敗路徑

世界上絕大多數的企業或產品，都無法毫無遺漏地引導所有客戶走向成長路徑。為了明確指出客戶動力學中組織所面臨的問題，我們將其理解為失敗路徑（Failure Route）（圖5-6）。

在失敗路徑中，產品的獨特性與便益性處於①未傳達給目標客戶群、②雖觸及目標客戶群但不被理解，以及③本就不符合客戶需求等三種狀況。在此種狀況下，由於「客戶心理」未產生變化，所以無法形成購買意願，也不會產生購買行動。此外，雖曾一時購買，若受到競品或替代品的影響導致該產品無法再滿足客戶的需求，或者因周遭外部環境變化從而使得客戶需求本身產生變化，客戶便會流失。

具體而言，F路徑可以區分為以下五種失敗路徑。

首先F1，雖然建立了「seg.9 未認知客戶」的產品認知，但客戶根本無法理解產品所具備的獨特性與便益性，或該產品不符合客戶的需求與預期而成為「seg.8 消極已認知卻未購買客戶」的路徑。

接下來是F2，雖然曾起心動念有過購買意願，但購買意願在接觸與體驗各式各樣資訊的過程

圖5-6　五種失敗路徑

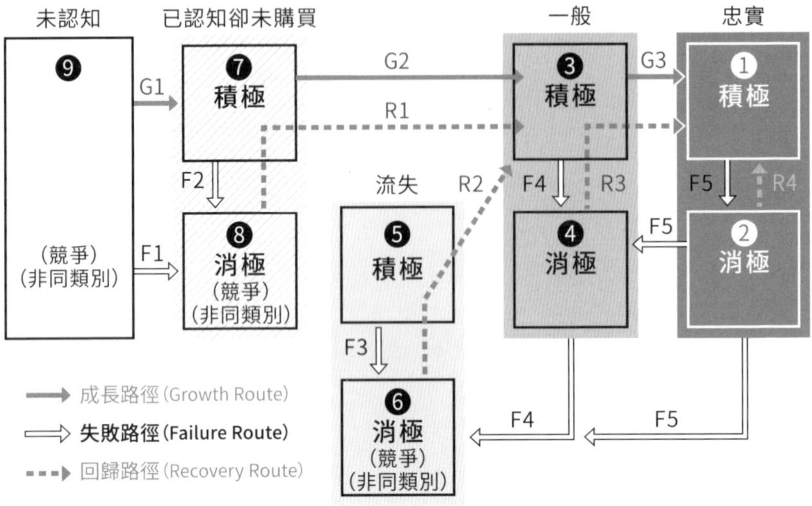

中消失，由「seg.7 積極已認知卻未購買客戶」轉而成為「seg.8 消極已認知卻未購買客戶」的路徑，同樣地，F3是由「seg.5 積極流失客戶」轉而成為「seg.6 消極流失客戶」的路徑。

F4則代表一般客戶的客戶流失。一度曾為客戶但轉向競品或替代品的懷抱，或是因客戶端的狀況造成需求本身消失等理由，「seg.3 積極一般客戶」經「seg.4 消極一般客戶」轉而成為「seg.6 消極流失客戶」。

最後，雖然與F2同為失去購買意願的動態，但F5代表「seg.1 積極忠實客戶」經「seg. 2消極忠實客戶」，轉向seg.4 的低頻率，或是往seg.6 移動的流失路徑。原支撐銷售額與收益的是購買金額與頻率高的積極忠實客戶群，他們的流失對短期及中長期的業務營運都有很大的影響。

雖然保持購買意願但購買頻率降低、自seg.1

移動至seg.3，或是直接流失從seg.3 移動到seg.5 的動態。但在此處並不視為F路徑。例如，原本每天早上吃麥當勞的客戶換了工作，因附近沒有門市而無法再到麥當勞消費，雖有意願但實際上成為流失狀態。由於起因並非源於深層心理變化，而是來自於外部因素影響，所以這並非是在將客戶心理與行動變化加以視覺化的客戶動力學上所應該著墨的對象。

順帶一提在seg.9，以及失敗路徑的主要落地終點的seg.8 與seg.6，上標記了（競爭）與（非同類別）的文字。我稍加補充。這些區間的客戶除了是自家公司產品的TAM，同時也經常使用競品或非同類別的替代品。例如「seg.6 消極流失客戶」，因是過去有使用自家產品經驗但目前未使用者，若是需求本身並未消失，則可認為這些客戶以其他方式來滿足需求。

在前一章第166頁所介紹的案例中「自從搬家到水質美味的區域後，只要用自來水就足夠了」，對於從前持續購買瓶裝水的消費意願消失或遺忘，直接轉而移動到seg. 6。另一方面，若仍對品牌懷有親近與依戀感，若偶爾回想，可能會持續抱持「當再次搬到城市時，還是會購買這個品牌」的想法。換言之，是轉而成為「seg. 5 積極流失客戶」，由於其與seg. 6的心理狀態不同，需要分別思考。

3 R路徑：四種回歸路徑

能強化成長路徑、以及針對各種失敗路徑的回歸策略，具體而言便是要掌握並管理回歸路徑

圖5-7　四種回歸路徑

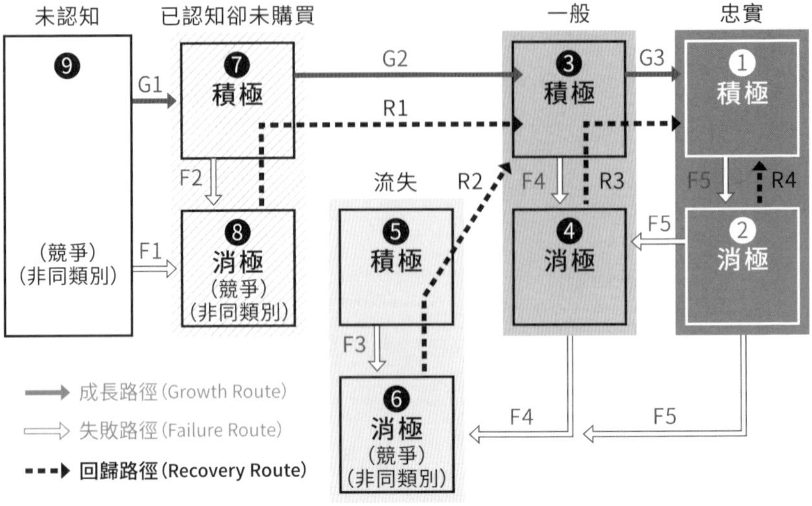

（Recovery Route）。

即使產品能提供的便益性與獨特性應該符合目標客戶的需求，但沒有購買意願的seg. 2、4、6、8的客戶在此止步的理由往往有以下情況：①無法理解該便益性與獨特性、②誤解便益性與獨特性。或者是③雖然正確理解了便益性與獨特性，但認為與客戶自身的需求無關或非必要。

不論是上述何種狀況，都有必要重新審視自家產品所應該提供的獨特性或便益性內容，以及包含傳達溝通方式與銷售活動在內、向客戶提出訴求的內容。

由於將客戶自無購買意願的seg. 2、4、6、8推升至刺激購買意願seg. 1、3、5、7的有效策略，與針對已具有購買意願的現有客戶（seg. 1與seg. 3）的訴求與措施不同，所以必須要區分並思考各別區隔。

圖5-8　大眾思維與客戶動力學的連結

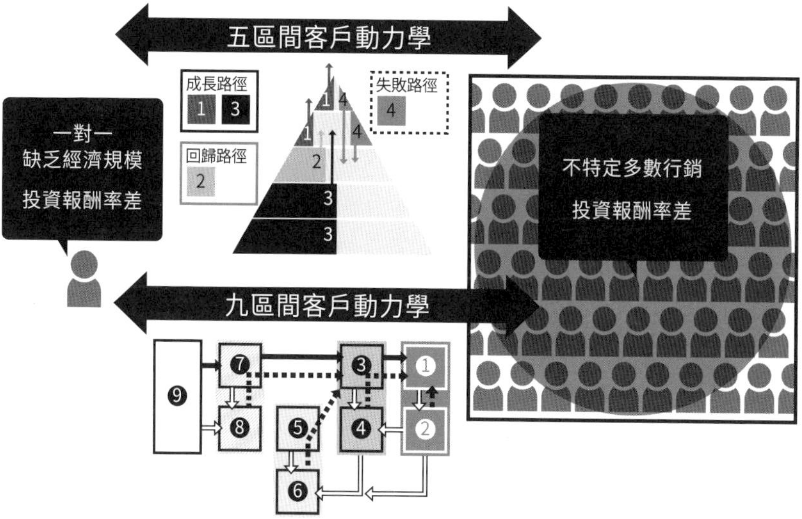

具體的路徑有以下四種。首先是R1，是「seg.8 消極已認知卻未購買客戶」經「seg.7 積極已認知卻未購買客戶」轉而成為「seg.3 積極一般客戶」的首次客戶化。

接下來的R2則是「seg.6 消極流失客戶」經由具有購買意願的「seg.5 積極流失客戶」轉而成為「seg.3 積極一般客戶」的回歸。

R3是由「seg.4 消極一般客戶」提升至具有購買意願的「seg.3 積極一般客戶」，更進一步成為「seg.1 積極忠實客戶」。而R4則是由「seg.2 消極忠實客戶」提升至「seg.1 積極忠實客戶」。

以客戶動力學來避免「大眾思維」

在第四章中，我也已運用五區間來說明（第156頁），而九區間也同樣可以發揮在一對一與一對不特定大眾之間、發現最佳投資方案的功能。

相對於五區間，增添考慮「下次是否會購買」客戶意圖的九區間，能夠對客戶進行更為細緻縝密的分類。如同圖5-8所示，這將使經營管理更為接近一對一的行銷思考，並成為擺脫「大眾思維」的起點。

5-4 客戶策略與客戶動力學

以經營管理觀點比較兩種網路服務

對客戶進行適當的分類、辨別WHO，建立客戶策略並加以落實。然後，比較執行策略前後的客戶動力學，確認客戶在區間之間的移動是否符合預期。

以九區間為基礎開展推動上述一系列行動時，在實際的商務場合又是如何執行的？接下來將以我參與的兩個網路服務為例說明。圖5-9記錄了屬於同一類別的兩種網路服務、品牌A與品牌B的實際數據資料（各區間的占比）的客戶動力學圖。接下來我將針對此圖表進行解讀。

此一類別目標市場的TAM客戶數，是使用智慧型手機的總人數八千萬人。兩項網路服務都以每月使用的客群為忠實客戶，使用頻率低於此者為一般客戶，超過一個月以上未持續使用者為流失客戶。品牌A與品牌B的月間客戶數市占比分別為八・一%與一一・八%。品牌的認知度，則分別為三〇・九%與六四・七%。我想這些是經營管理階層也會看到的數字，大家會做出什麼經營判斷與決策呢？

首先，來看看代表未認知客戶的seg. 9。提升認知度是品牌A所面臨的挑戰。可以說仍需要大量的投資。另一方面，由於品牌B的認知度已經很高，可以說未來在短期之內便可將認知者轉變為客戶。如此一來，大家似乎會覺得品牌B是值得投資的對象吧？然而，若掌握整體包含其他區間數字在內的客戶動力學，則顯然應該投資品牌A。

由圖中大家可以看出什麼端倪？只要羅列以下幾點事實。

- 就整體的下次購買意願而言，品牌A較品牌B為高（五・四％、三・五％）
- 忠實客戶的積極比率（在忠實客戶群中，具有下次購買意願客戶所占的比

圖 5-9　相同類別的兩種網路服務

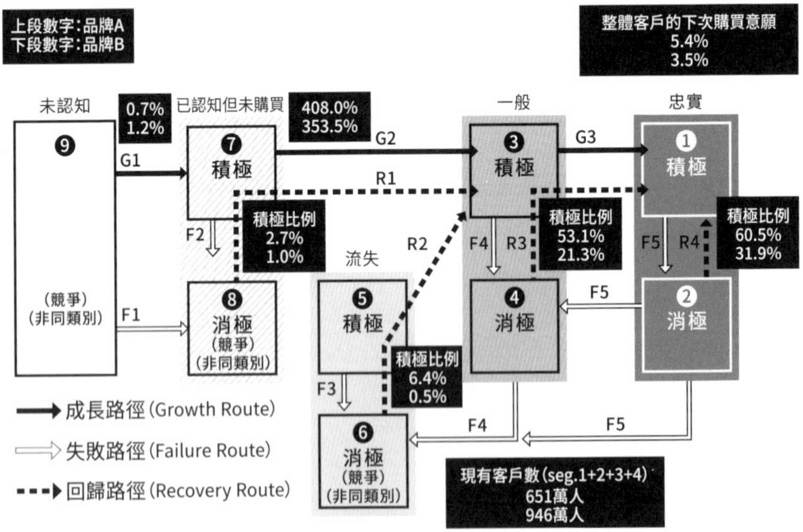

率），品牌A較品牌B為高（六〇・五%、三一・九%）

- 品牌A積極比率高的情況，在一般客戶與流失客戶群中亦相同（五三・一%、二一・三%與六・四%、〇・五%）
- 換言之，與品牌B相較，品牌A的產品滿意度較高，轉向購買其他品牌或替代品而流失的風險也遠低於品牌B
- 而且，在雖然認知品牌但未有購買經驗的已認知卻未購買族群中的積極比率，品牌A也較品牌B為高（二・七%、一・〇%）
- 換言之，品牌A在「無產品經驗者」的已認知卻未購買狀態下，積極比率較高，因此能夠得知該品牌向未認知者宣傳產品的效果佳，能引起客戶正向積極的心理變化。在這一點上，品牌A已較品牌B更具有優勢了

綜上所述，可以得知品牌A目前的宣傳溝通再獲得下次購買意願上是有效的，因而若直接利用這一點來拓展認知度，則可預期將有遠高於品牌B的業務成長。

如同這樣，藉由視覺化與理解構成品牌銷售額的客戶組成與狀態，就可做出更符合邏輯和科學的經營判斷與決策。

從客戶動力學看客戶策略

我試著透過這些客戶動力學的事例，說明客戶策略所代表的意義。若辨明在品牌A的成長路徑1（G1：未認知→認知、具備下次購買意願）與成長路徑2（G2：認知、具備下次購買意願首次購買、具備下次購買意願）成立狀況下的客戶（WHO）與產品的便益性與獨特性（WHAT）的組合，就能夠建立刺激促使未認知客戶的首次購買，以及維持下次購買意願的客戶策略。

在這個過程中，第三章所解說的N1分析理解十分重要。為何會產生G1路徑的移動，在探究根本的心理變化時，向屬於seg.7的特定某人尋問：「您是經由何種管道通路認知品牌、產品」（由seg.9移動至seg.7的理由）、「您通常在何種行動中會接觸到品牌？」（客戶理解）、「您接觸到品牌時有何種感受？為何具有下次購買意願？」（未轉而成為seg.8的理由）等問題。針對G2路徑（由seg.7移動至seg.3）的移動也採取同樣方式確認。

例如，若向「三十世代、育兒中的女性」宣傳訴求「提供速食店的優惠券」奏效，實現了首次購買，那麼藉由思考將此策略規畫更為廣泛實施客戶策略的手段方式（HOW），並對未認知客群進行銷售與行銷投資，就有可能重現過去獲得的客戶路徑移動。從拓展認知度到首次購買，這提高了具投資報酬率客戶化過程的可能性。

此外，藉由分析在各區間中產生心理差異（積極與消極）、行動差異（忠實、一般、流失與已認知卻未購買）的原因，能夠最小化失敗路徑、辨明強化回歸路徑等複數多種客戶策略組合。其中不僅思考如何銷售現有產品，還考量如何回應尚未被滿足的客戶需求，以及為了達成目前不存在但應該建立的客戶策略，將如何改善強化產品本身，以及新品項或新商品開發也納入評估觀點中。

此外，為了執行這些客戶策略，還需要透過改進、強化或削減來優化整體組織、各別部門、人員配置，甚至是公司內部的工作流程本身，來創造最適化的餘裕，並減少對客戶策略沒有貢獻的成本。反過來說，若沒有客戶策略，就難以優化組織與流程，僅是整體費用的無效益累加。

如同這樣，伴隨著客戶策略成為易流於垂直孤島化組織的橫向串聯，藉由同步執行短、中長期的多種複數客戶策略，增加在TAM中自家品牌的seg.1客戶，並讓業務持續可能成長。這便是客戶中心經營管理的組成。

在第六章中，我將說明如何從今天開始實施客戶中心經營管理，包含具體步驟，以及未來想要追求的客戶中心經營願景。

第5章總整理

● 九分間是依據五區間既有的分類①認知的有無、購買經驗的有無、購買頻率（區分為忠實、一般、流失、已認知卻未購買、未認知五個族群，以及②下次購買意願（有＝積極，無＝

消極）的兩軸線加以區分。

- 即使同為已認知卻未購買客群，具有下次購買意願的族群更容易客戶化，所以獲得新客戶的所需成本較低。相反地，不具有NPI族群客戶化不易，需採取與具有NPI的族群不同的手段方法。NPI在掌握客戶心理、持續提高經營管理的投資報酬率上，是有效的衡量指標。
- 以十二種的客戶路徑將九區間客戶動力學中的客戶動態加以視覺化，以推動全體客戶成為自家公司九區間中終極的終點客群，即seg. 1（購買頻率高、具有下次購買意願的客戶群）為目標，實現所有經營資源的最佳分配。

第 6 章

客戶中心的
經營管理改革與願景

至今為止介紹的架構，是為了將經營管理活動與透過客戶的心理、多樣性與變化掌握的財務表現整體串聯所設計。
在本章中，我將針對從今天就可以採取行動的
具體活用架構的方法，以及希望各位讀者引以為目標的
「客戶中心的經營管理」願景加以詳細說明。

6-1 充分運用三架構

一切都歸結到為客戶創造價值

若放眼世界，有許多出色的管理學與經營手段，以經營管理為主題的書籍或論文更是多到讀不完。這一切都可以歸結到為客戶創造價值。

我也在大學時代學習過經濟學與管理學，擔負經營責任的當事人三十年，並以支援諮詢者的身分參與了各式各樣的商業活動，而終至得出這簡單的結論：決定成敗的關鍵在於「客戶理解」。

客戶為誰？該客戶願意支付對價的價值為何？他們從自家公司產品發現價值的便益性與獨特性為何？為了讓經營管理與組織整體的注意力集中在這些簡單的問題上，即為了「讓客戶回歸經營管理」，我在至今的章節內容中介紹了三架構。無論企業規模或事業內容，甚至非營利企業皆可運用這些架構。

在本章中，希望各位讀者務必親自動手做，理解何謂在經營管理上實現客戶中心並加以實踐。

書中表格請放大影印讓它們派上用場。

從三架構草案到PDCA循環

這是在經營管理上實行客戶中心的第一步。選擇一項自家公司的產品（商品、服務、業務項目），並試著建立相關架構。不必擔心對錯，資料不齊全也無妨。首先是著手填寫，並藉此視覺化腦中所浮現的內容，知之為知之，不知為不知，這一點非常重要。

1 客戶中心的經營結構架構

- 首先，請在客戶中心的經營結構架構下端的財務表現相關欄位中，填入去年度的實績數字。由於是經營實績，我想應該能夠取得相關資料。
- 在上面的管理標的中，則在客戶的開發獲得、維持、培育等面向上，在可能的範圍內，填入以公司為單位所推行的策略。請試著以超過個人自身業務範圍的方式填寫。
- 然後，針對易流於黑箱化的客戶心理與行動，試著填入量化數字或以公司為單位所執行的策略與數字。

2 客戶動力學與客戶策略架構

- 接下來，在五區間客戶動力學中填入客戶人數，分為五個客群，也試著在四個潛在的客群中填入人數。數字毋須細緻無誤，僅是推測預估也無妨。首先，重要的是將該推測預估轉換為可以被討論或驗證的「看得見的數字」。
- 在填入數字的客戶動力學下方、客戶策略的架構中，試著填入以公司為單位所執行的客戶策略。此處與客戶動力學相同，推測預估也無妨。有可能同樣的客戶策略被填入對應到複數的潛在客群欄位。
- 結果如何呢？我想大概不論是數字，或者不僅是客戶心理或行動，在執行或擬定客戶策略上應該都留下了許多空白。而在客戶動力學中，應該也空下了無法填入客戶策略的潛在客群吧。我想各位讀者應該也注意到，公司執行的許多策略並未被充分理解。正如我在序章最後介紹、跟客戶理解相關的實際調查所顯示，幾乎所有企業都未將客戶理解視覺化到這種程度，因此你的情況並非特殊狀況。重要的是認清此事實，並留意到管理標的與財務表現之間缺乏足夠的理解和可視化。

圖6-1　客戶動力學、客戶策略

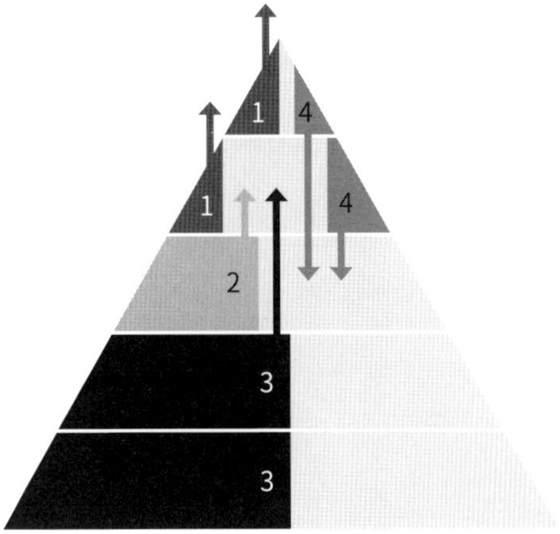

客戶策略❶	WHO： WHAT： 便益性： 獨特性： HOW：
客戶策略❷	WHO： WHAT： 便益性： 獨特性： HOW：
客戶策略❸	WHO： WHAT： 便益性： 獨特性： HOW：
客戶策略❹	WHO： WHAT： 便益性： 獨特性： HOW：

3 以公司為單位來歸納見解

- 即使一個人填寫很困難，但若彙集了公司整體的見解，儘管不是全部填完，也應該能夠填補大多數的空白。以推測預估所填入的數字和內容的驗證，也將推動提升整體準確度與視覺化的進程。換言之，我想可看出至今為止組織是多麼的各自為政。
- 若進行到這個階段，請務必由經營管理階層主導，或在經營管理階層也共同參與的狀況下跨部門填空，針對以推估預測所填寫的內容進行精確的調查與審議，將組織目前所能夠理解的內容加以視覺化。而在這個時間點，我想大家對於掌握：支持現有業務客戶策略的客戶分類、客戶認同價值的便益性與獨特性，認同自家公司產品的客戶與並非如此的客戶之間的差異，仍然模稜兩可。雖然大家已提出了相關假設，但仍對其中許多部分都缺乏自信。

4 N1分析（差異分析）

- 接下來，則是要加深在客戶動力學中各別潛在客群的理解。首先，訪談自家公司的忠實客戶，調查自家產品建立的價值，和達成自家產品的便益性與獨特性為何。由此找出潛在的忠實客戶群，發掘造成不同客戶群差異的原因。在這個過程中並不需要市場調查的專業知識。請盡可能由經營者與經營管理幹部自己直接向該忠實客戶，辨識出應該早就存在自家產品的客戶策略，並試著建立假設。若發現多個可能成立的假設，假設為複數也無妨。

- 接著繼續進行針對流失客戶的調查。此處重點不在於找出客戶流失的原因，而在於辨別原本仍為客戶時應該存在的客戶策略，尋找能夠吸引流失客戶回歸而提案的便益性與獨特性。即使詢問他們流失的理由，在多數情況下，客戶不會深入思考，而是回答「價格高」或「競爭商品比較好」。而流失的理由，不外乎單純是持續支付對價的價值不復存在，即無法再實際體會到對自己而言的便益性與獨特性。由於所謂「價格高」是「看不見價值」的同義詞，即使降價可能也無法防止客戶流失。

- 之所以探詢流失的理由，目的不在於解決客戶流失，重要的是找出能夠吸引該流失客戶回歸的價值。N1分析的目的在於找出自家產品能提供的便益性與獨特性的可能價值，辨別客戶尚未注意到的便益性與獨特性。或許目前的現存產品可以提供上述便益性與獨特性，又或者可能需要開發新產品或新功能，而透過深入了解此點，產品開發策略將成為客戶中心策略。此時，相當於上述過程起點的流失客戶，將成為潛在的回歸客戶。

- 同樣地，針對自家公司的已認知卻未購買客群，最後是未認知客戶群（或競爭對手的客戶）進行訪談，持續探詢要提供何種便益性與獨特性，才能讓他們從中發現價值並成為自家產品的客戶。這就是尋找潛在的新客戶。

- 雖是簡單的訪談，但若針對自家公司的忠實客戶、流失客戶、已認知卻未購買客戶、未認

圖6-2　實現運用架構之客戶中心經營管理

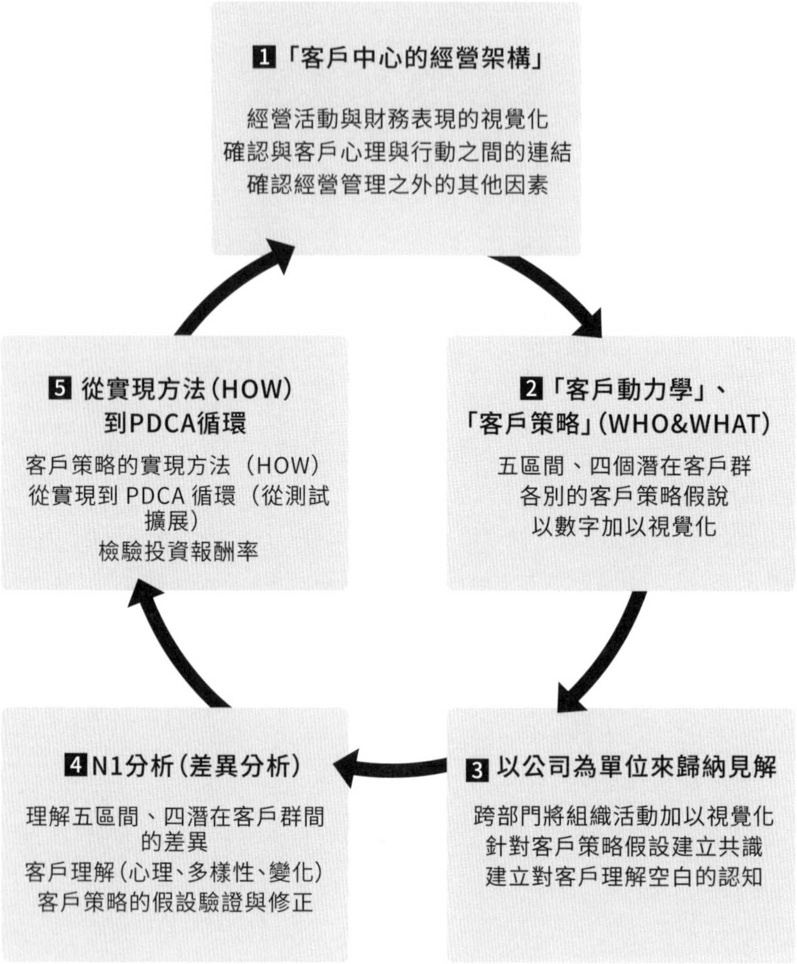
1「客戶中心的經營架構」
經營活動與財務表現的視覺化
確認與客戶心理與行動之間的連結
確認經營管理之外的其他因素
2「客戶動力學」、
「客戶策略」(WHO&WHAT)
五區間、四個潛在客戶群
各別的客戶策略假說
以數字加以視覺化
3 以公司為單位來歸納見解
跨部門將組織活動加以視覺化
針對客戶策略假設建立共識
建立對客戶理解空白的認知
4 N1分析(差異分析)
理解五區間、四潛在客戶群間的差異
客戶理解(心理、多樣性、變化)
客戶策略的假設驗證與修正
5 從實現方法(HOW)到PDCA循環
客戶策略的實現方法（HOW）
從實現到 PDCA 循環（從測試擴展）
檢驗投資報酬率

知客戶等各客群分別進行約二十個人左右的程度，則無論屬於哪個類別的產品，都能夠發現使產品實現高價值的複數客戶策略組合。

5 從實現方法（HOW）到PDCA循環

- 進入此一階段後，需要決定如何執行發現的客戶策略的手段方法，即開發規畫並付諸執行以何種方法、哪種媒體或管道通路來接觸這些客戶群，以什麼表達方式訴求或讓客戶體驗產品的便益性與獨特性。
- 首先，進行小規模實施與測試，根據上述投資中獲得的短期和長期結果（銷售額、利益、LTV）來評估各別客戶策略與實現手段方法的投資回報率。
- 無論投資報酬率好壞，強化改善的關鍵重點在於，檢視客戶選定（WHO）、產品便益性與獨特性的選定（WHAT）、觸及客戶的方法、便益性與獨特性的表現、體驗方法（HOW），或是上述三者的排列組合上，不斷持續強化改善客戶策略與實現策略的手段方法的組合極為重要。
- 到達此一階段之後，再度回到 1，並以三架構為基礎，重新驗證並執行 1 到 5。以經營管理的意圖推動此 PDCA 循環成為常規的例行公事、持續進行，並在跨部門間建立相關內容的共識。藉由這麼做，客戶將成為公司內部的主體。公司可以清楚回答：客戶是誰、

圖6-3　客戶中心的經營結構與複數客戶策略（續）

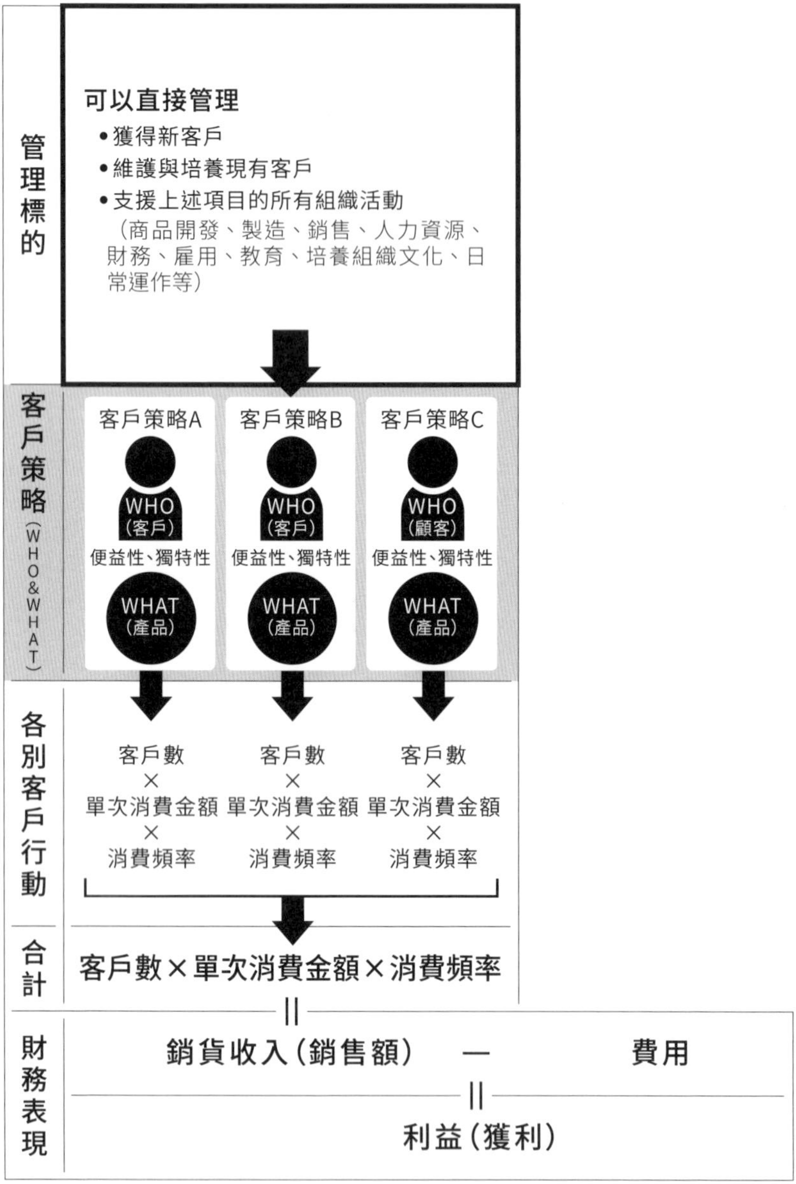

該客戶願意支付的價值是什麼、他們從自家產品發現的便益性與獨特性為何，換言之，客戶中心的經營管理將開始自行運作（圖 6-2）。

從運用架構到客戶中心的經營改革

運用架構的流程如同前述說明。同時，我還要追加補充三個要點。

■所有討論都與架構相互參照

● 我希望經營管理階層與部門主管持續不斷溝通最新版本架構的共識，在所有的會議中都將其置於手邊並參照運用。在進行討論時，我建議這樣活用，一邊確認架構，一邊思考最初的議題在客戶動力學中，與哪個客戶策略有關。（圖 6-3、第 246 頁圖 6-4）。如此一來，大家應該就會注意到至今為止的許多會議與討論中，客戶其實是缺席的。若經營活動轉而以客戶為中心，徒勞無益的會議或討論也會減少。

■間接部門也參與客戶策略

● 通常與獲得新客戶、維持與培養現有客戶直接相關的是銷售、開發、促銷、行銷等部門，然而其他間接部門也並非毫無關係。即使是間接部門，各別的活動也都會透過客戶策略連結到獲得新客戶與維持與培育現有客戶，創造出其他公司所無法提供的價值。若無法看出自家公司的人力資源、人員聘僱、員工教育訓練、總務活動、會計出納、財務、IT系統等經營活動與客戶策略之間的連結，那便會陷入與其他公司的同質化競爭，這是重新考慮其存在與活動意義的機會。若無法在其中找出任何意義，那麼或許是一項應該外包以降低成本的活動。

■經營整體皆以客戶中心為依歸

- 藉由重複前述 1 到 5 的過程，公司內部的討論與會議的主題都會以客戶策略為中

圖6-4　應對相異客戶動態的客戶策略（WHO&WHAT）（續）

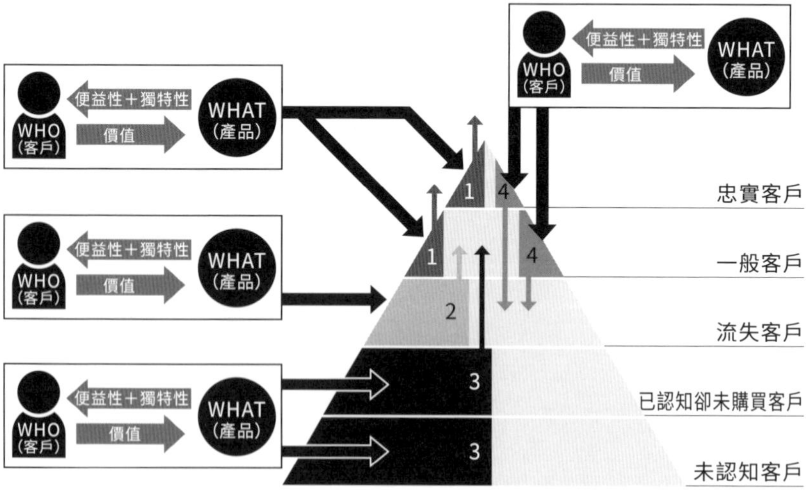

心。從追求單年度財務表現的業務計畫與預算規畫、公司整體的目標設計，到各部門的目標、KPI設定，以及以中長期的投資報酬率為目標展開的業務計畫或開發計畫等，皆可根據具體特定的客戶策略進行制定。換言之，全公司可以客戶中心為出發點推動整體的經營管理。一旦達到這一步，將能夠自客戶中心檢視並推進公司的目的、願景、使命與價值。

6－2 客戶中心的經營改革願景

經營管理的理想藍圖

在序章中，我曾提及撰寫此書的契機。提升獲利能力是數十年如一日的經營管理課題，而又該如何解決格雷納博士在五十年前指出，現仍有許多企業仍面臨的企業成長危機。我堅信答案只有一個，就是組織整體的「客戶理解」，並且已介紹了從今天就可以在現場運用的具體架構。最後，我將對「客戶理解」徹底探究，並統整理想的「客戶中心經營管理」的樣貌。

■經營管理的眼中有客戶

- 創業者、經營者、經營團隊的視線看向客戶。透過客戶之眼來看待員工、股東、競爭對手，以及財務表現。
- 理解財務數字的變化是客戶行動所導致的結果，即客戶心理變化所產生的結果。

- 因此，無論銷售額與利益是增是減，從「客戶變化」與「心理與行動之間的關係」著手尋找數字變動的理由，藉此試圖了解形成市場的整體客戶，以及自家公司客戶的變化（執行客戶動力學）。
- 理解公司內部的目標或ＫＰＩ容易偏向財務指標、行動指標與效率指標，在掌握客戶心理、多樣性與變化上有其限制。
- 為了產出新價值，試圖理解應該對何種客戶，提供何種產品，以及自家公司能夠提供何種產品（客戶策略與優先順位）。而且，試圖了解執行客戶策略的手段方法（ＨＯＷ）。
- 以此為基礎，做出為了實現客戶策略所需人員、資金等資源分配與優先順位的決策。
- 提問客戶（ＷＨＯ）在哪方面產生什麼變化，掌握是何種客戶從自家產品的何種便益性與獨特性中發現了價值，結果造成何種行動的變化、自家公司的產品是否回應了客戶的期待，若否又是哪裡未達客戶的期待。以此為基礎，引導下次該怎麼做。
- 在不理解誰為客戶的情況下，勿因銷售額或利益的增減波動而喜憂陰晴不定。不問客戶是誰，便無從得知該提供何種商品（ＷＨＡＴ），以及如何執行客戶策略（ＨＯＷ）。
- 在每一個決策過程中，都能夠解釋該決策與客戶之間的連結，像「是針對何種客戶」、「創造了何種價值」等。
- 將自家產品企圖創造價值的客戶心理、多樣性與變化在組織內部加以視覺化，並以全體員工共通的客戶理解為主軸核心，維持能夠據此推動各別組織活動的狀態。

- 認識到經營管理階層處於遠離客戶的位置，就有風險在客戶缺席的狀況下進行經營決策。經營管理階層直接面對客戶，持續不斷更新客戶理解。
- 理解所謂制定商務策略的目的並不在於擊敗競爭對手（不是戰爭），而是為客戶創造高價值。
- 理解贏過競爭對手既非目的亦非手段，而是自家公司持續不斷為客戶提供高價值的結果。
- 不是關注競爭對手的動向舉措，而是專注於客戶從競爭對手所提供的何種便益性與獨特性中發現價值，以及客戶是否可能從中發現價值。
- 以員工對客戶價值的貢獻，以及對建構客戶動力學架構的貢獻為主軸，來評價他們。

■ 組織的眼中有客戶

- 組織所屬員工會思考自己的工作能提供價值的終端客戶是誰，對終端客戶來說什麼便益性與獨特性能產生價值。
- 致力於理解客戶，而非試圖透過上司或經營管理階層來理解客戶。
- 不試圖藉由競爭對手的動向來理解客戶。
- 工作是為客戶創造價值與為提供價值做出貢獻，理解許多業務不一定能創造價值，而是應該削減的無效益費用。

- 工作的動力來自於客戶在自家產品中發現價值，而與上司或經營管理階層的評價無關。
- 下屬的動機應與客戶在自家產品中發現價值連結，而非與上司或管理團隊的滿意度有關。

由客戶主導經營管理

當經營管理真正以客戶中心為目標時，就應該思考由客戶而非經營管理階層主導經營管理。各部門不應如圖6-5所示關注投資人、競爭對手與媒體，而應如圖6-6所示直面客戶。企業應該做的是眼光不離客戶心理、多樣性與變化，並持續深化理解，透過產品開發向客戶提供他們尚未注意到、尚未追求的新便益性與獨特性，持續不斷創造價值。

多數情況，最初的客戶便是創業者本人。即從零到一、開始草創事業時，是由作為客戶的創業者主導業務。創業者本人自行創造出對於自己而言具有高價值的產品，隨著越來越多的客戶如同創業者般發現產品的價值，業務將會擴大。為數眾多的日本代表性企業，皆始於創業者以自身為客戶來創造產品並開展業務。這一點，即使由昭和時代進入網路和數位時代也是如此。

而在歷經草創期後，產品會被許多客戶所認識、購買與使用，價值也轉而會得到眾多客戶的正面評價。或許他們的價值評價不必然與創業者自身的評價一致，然而，他們從產品中發現價值並成

圖6-5　注意力由組織面對組織

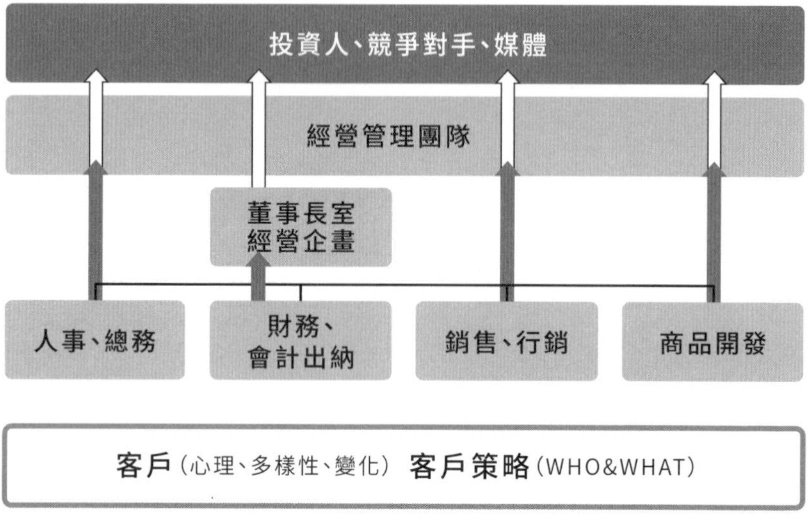

圖6-6　注意力始於客戶：客戶中心的經營管理

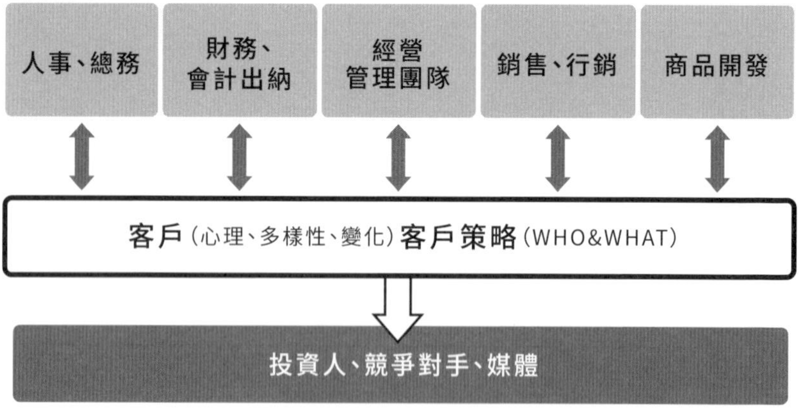

為客戶並評價也是現實。在這個時間點，主導權由創業者移轉到從產品發現高價值的複數客戶手中。由創業者個人的客戶中心，轉換為創業者以外的客戶中心。

然而，我希望各位讀者不要誤會，所謂客戶擁有主導權，並不意味企業缺乏信念，而僅僅是提供客戶有明確欲求的產品。企業必須持續深化客戶理解，直至超越客戶自己對於本身的理解，創造出客戶甚至無法想像價值的產品，即具備能夠提供創造新價值的便益性與獨特性的產品。

開發並提案產品，接受客戶對產品價值的評價，據其評價擴展業務，這便是創業期之後的客戶主導。換言之，所謂客戶主導力得以發揮的狀態，其實是在經營管理上深化「客戶理解」的持續實踐。

目標在於克服事業成長危機，提升獲利能力

若能夠實現客戶主導，組織活動便不會被分散，無效益的活動和投資也不會持續擴大。藉由在客戶與自家產品成立的價值之間實施ＰＤＣＡ循環，串聯投資活動與客戶發現的價值，從而提高獲利能力。透過讓客戶主導在組織整體發揮作用，超越格雷納博士所言之企業成長危機，超越創業者、經營者個人的人治主義，在組織內部建立授權、協調與協作能力，從而實現持續成長。

客戶為誰？客戶願意支付對價的價值為何？客戶從自家公司產品發現價值的便益性與獨特性

是什麼？能夠回答這些簡單問題的客戶中心經營管理實踐，恰好消除浪費而無效益的投資，集結了面對新「價值」的組織力量。同時，我也確信藉此將能夠解決長期存在的經營議題「提升獲利能力」與「企業成長危機」。

第6章總整理

- 客戶為誰？客戶願意支付對價的價值為何？客戶從自家公司產品發現價值的便益性與獨特性為何？透過架構，將經營管理與組織整體的注意力聚焦在這些簡單的問題上，即為「讓客戶回歸經營管理」。
- 當經營管理階層真正致力於客戶中心為目標時，是指由客戶主導經營管理。企業的眼光不離客戶心理、多樣性與變化，並持續深化理解，透過產品開發向客戶提供本人尚未注意到、尚未追求的新便益性與獨特性，持續不斷創造價值。
- 開發並提案產品，接受客戶對產品價值的評價，據其評價擴展業務，這便是創業期之後的客戶主導。一言以蔽之，所謂客戶主導力得以發揮的狀態，無非是在經營管理上深化「客戶理解」的持續實踐。

第 7 章

以客戶中心
解讀彼得・杜拉克

在本章中，我將使用三架構來解讀提倡「創造客戶」的
杜拉克的論點。
包含我在內，我相信有許多人認同杜拉克的思想哲學，
我將懷抱敬意，藉由至此所介紹的三架構來解釋他的主要論點，
並嘗試實踐於經營管理。

7－1 杜拉克的理論帶給經營者的啟示

價值並非由企業單方面所提供

被譽為現代管理學之父或管理理論創始人的杜拉克，時至今日仍持續影響著世界各地的經營者。然而，雖然他的理論或概念引發了許多共鳴，卻也有人表示它是無法落實在實際管理的概念性理論。

我本人並不以管理學或經濟學等的學術探究為目的。而是從能否在實務上活用於持續提高績效的觀點，至今一直在嘗試應用各種理論與概念。

其中，我十分確信杜拉克提倡的客戶與企業間的關係，可以達到普遍適用於任何行業，並且能為經營管理階層與現場實務階層所共享。我在各行各業累積三十年以上的工作經驗，每當思及何為失敗與成功的分水嶺時，我發現不論是失敗或成功的因素，都可用杜拉克的話語來歸納。

失敗時，未充分理解客戶，不是對客戶提出價值提案，而是將只能稱為自我中心的自我狀態、公司組織狀態或競爭狀態等因素片面強加在客戶身上。而在被視為成功的案例中，則是不受限於公司或組織內部狀態，堅持理解客戶並以客戶的價值為優先。

建立價值就是杜拉克所謂的「創造客戶」。而所謂的創造客戶，換言之，當特定的人在特定的產品上發現對自己的便益性，且發現了難有其他替代品的獨特性，為了獲得該產品而願意支付對價、覺得花費時間與使用勞力沒問題，而終至購買商品或利用服務時，客戶由此產生。

客戶是誰？

若自己本身就是客戶，藉由創造自己絕對需要和想要的產品、持續加強和改進產品，並不斷提出無法被取代的便益性或特色，能夠預期會有一定程度的銷售。許多創辦人與企業家都是以此模式來建立自己的事業。

然而，開始認為自己「了解客戶」，便相當於開啟了通往失敗的入口。反過來說，擔心「或許自己不夠了解客戶」、「客戶理解可能有誤」，則是通往成功的大門。

在規模超過一百人的組織中，即使假設經營者本身就是客戶或對客戶的理解十分透徹，不難想像員工對客戶的理解不充分，出現了業務成長的障礙。

在序章中我亦曾提及過，在組織或人員增加過程中的成長障礙，即縱向多層分工與決策速度遲緩，甚至從而發展成「大企業病」的共通原因是，客戶理解轉趨薄弱。杜拉克簡單的一句「客戶是誰」，便洞察到了關鍵問題。

然後，以自己不懂客戶為前提，企圖深刻了解客戶心理與行動之間的關係，這除了第三章說明的N1分析之外別無他法。若在將客戶適當分類的基礎之上，深入探討他們出於何種心理或觸發因素導致成為一般客戶、忠實客戶或流失客戶，這能辨別出具有可複製性客戶策略的線索。同時，了解他們會將哪些競品與自家產品一併入眼，感受到價值的便益性與獨特性為何，或者是判斷「能夠被替代」的標準為何，也能夠發現新機會與新風險。

「想知道對客戶而言何謂價值，就要側耳傾聽客戶」，這是杜拉克一貫的建議。出自其著作《為成果而管理》（*Managing For Results*）中的這一段話「只有一個人了解客戶與市場，那就是客戶本人。因此，只有傾聽客戶、注視客戶、理解客戶的行為，始能得知客戶是誰、做了什麼、如何購買、期待什麼，以及認為什麼有價值」，這強烈地呈現出他的思想。

「a customer」：關注每一個人

杜拉克所稱「創造客戶」的英文原文為「create a customer」。當我二十多歲時，困於大眾思維犯了許多錯誤，第一次讀到這段原文時，曾想過「為何不是『create customers』」。即使創造了一位客戶，也無法做生意。然而，杜拉克向來一致的使用「create a customer」，而非「create customers」。

杜拉克總是深思熟慮選擇自己使用的詞彙。我相信，這樣的詞彙選擇正體現了杜拉克對人的深刻尊重及管理觀，而這也是我的失敗之處。若將市場分析為由多個客戶群組成的大眾市場，就難以開發新產品和服務。所謂「create a customer」，可以解釋為「一切都始於公司產品為某位特定客戶提供了某些便益性和獨特性」的意圖。這樣一句話，就足以為我指點迷津。

7-2 以客戶中心解釋杜拉克名言

我將使用到目前為止介紹的架構，來說明杜拉克名言中與企業經營有關的主要思想與概念。

如何具體落實「創造客戶」？

1.「企業的目的在於每個企業之外。企業是社會性組織，其目的存在於社會中。不過我對於企業的有效定義只有一個，那就是創造客戶。」（出處：《彼得・杜拉克的管理聖經（經典新裝版）》）

雖然許多經營者都將「創造客戶」掛在嘴邊，但要如何實際管理也是一個大問題。若藉「客戶中心的經營結構」來思考，可以將所謂的管理，轉換為產出財務表現（利益＝銷貨收入－費用）上方三構面——經營的管理標的、客戶心理與客戶行動。由此，企業所應擔負的責任職務，以與利益連結的方式被視覺化，成為可以被企業整體所共同認知的管理標的。此外，這麼做的結果是以為社會創造新價值為目標。

從產品或服務的開發到提供，改變客戶的心理，結果也改變了客戶的行動。企業的目的在於管理這一連串的過程，並可將此理解為經營。

若要定義「客戶創造」，則是「開發、改良、強化具有客戶視為價值的便益性與獨特性的產品，宣傳溝通使客戶能夠認知便益性與獨特性為『對自己而言的價值』，並願意親身體驗。結果導致客戶購買行動，而在實際使用產品時，提供超越他們原先預期的便益性與獨特性的實際感受，透過合於客戶變化的產品改良、強化，實現持續性購買。而且，實現使客戶願意傾聽其他新產品提案的客戶動態」。

始終從「對客戶而言的價值」角度思考

2.「企業認為自己生產什麼並不重要。客戶認為要購買什麼，以及他們認同何為價值非常重要。這些定義了何為企業，企業生產什麼，並決定企業是否成功。」（出處：《彼得・杜拉克的管理聖經（經典新裝版）》）

先看第一句。此處杜拉克所稱「企業自己生產什麼」，意味產品的功能與特徵，也就是企業向客戶訴求的體驗。所謂「並不重要」，是指企業端向客戶提供的訴求和體驗，並不一定客戶就願意支付對價，而且很有可能對客戶而言不具有價值。無論公司對客戶的期望為何，但是當客戶發現產品「可為自己帶來的便益性和獨特性」，即發現具備無法從競爭對手或替代品中獲得的便益性時，價值由此而生。

此外，所謂「客戶認為要購買什麼、認同何種價值」，實際上表示已經購買產品者的客戶認知。換言之，這是已經形成的客戶心理，是既成事實。無論公司對客戶的期望是什麼，此一事實比客戶的實際心理狀態更重要，其意圖在於根據眼前的客戶事實來定義「業務」。

我在第三章中介紹過，依據便益性與獨特性的各別有無整理出「便益性與獨特性的四象限圖」（第108頁），這雖然在考察讓企業成功的便益性與獨特性組合，不過討論假說上，是容易活用的工具，但此種討論是假設性的，不可或缺的是，具體設定誰是最終判斷何為「價值」的客戶。我們應該從「客戶」發現什麼價值；而非把企業思考的價值假說，當成考察、討論具體客戶的起點。

藉由這些考察與討論，能夠洞察辨別出特定的客戶（WHO）從產品所提供的便益性與獨特性（WHAT）上發現價值的狀態=客戶策略（WHO&WHAT）。無論企業如何宣傳自家產品的各種功能和特性，若客戶不覺得具有吸引力，且無法發現產品對自己的便益性和獨特性，策略便無法成立。

而後半的「這些定義了何為企業，企業生產什麼，並決定企業是否成功」句子，則可解讀為企業的成敗取決於「能否洞察基於真實現有客戶所實際制定的客戶策略」。

企業的合理性並不等同於客戶的合理性

3.「客戶是合理的。認為他們不合理是危險的。認為客戶的合理性等同於生產端的合理性，或是認為兩者必不同，卻視為相同也同樣危險。若將即使乍看之下似乎不合理但符合客戶利益的事情，代之以將生產端所認為的合理強加在客戶身上，則必然會失去客戶。」（出處：《為成果而管理》）

無論公司或製造商在提供產品時抱持何種期待，宣傳產品具有何種功能和特性，但客戶對產品不感興趣，這並非不合理。所有企業都會向客戶（WHO）提案產品的「特性、功能或形象」（WHAT）。然而，若客戶看不出提案對自己而言具備便益性與獨特性，便沒有價值，客戶策略（WHO&WHAT）就無法成立。

「雖然是好商品（產品），但賣不出去，得不到共鳴……」這是經常聽到的煩惱，而造成此種狀況的原因不外乎兩種，一是無法洞察自家產品所能提供的客戶與產品之間的關係＝客戶策略，一是產品本身不佳。客戶沒有時間或金錢去購買對自己而言不具備便益性，或雖具有便益性但有可替代性（缺乏獨特性）的產品。就客戶的立場而言，這完全合理。

在商品或事業開發的相關結論上，由企業主導的「企業主導產品開發模式」，或始於理解客戶與市場的「市場導向」的手段方法何者正確的辯論已久，但這樣的討論沒有任何意義。以企業主導方式所開發的產品，若能使客戶從中發現便益性與獨特性，產出價值的客戶策略便能成立。相反地，即使是以充分徹底的客戶調查為基礎，經市場導向方式所開發出來的產品，若客戶從中看不出便益性與獨特性便不存在任何價值，客戶策略無法成立，換言之無法形成事業。企業主導或市場導向不過是手段方法（ＨＯＷ）的問題，重要的是客戶是否能從中發現價值的事實。

客戶的行動永遠具有合理性。若出現了看似不合理的客戶行動，理解導致該行動的客戶心理，可以視為創造新價值和新客戶的機會。

第7章總整理

- 建立價值就是杜拉克所謂的「創造客戶」。而所謂的創造客戶，亦即當特定的人在特定的產品上發現對自己的便益性，且發現難有其他替代品的獨特性，想入手且願意支付對價、願意花費時間與使用勞力。

- 無論企業如何宣傳產品的各種功能和特性，若客戶不覺得具有吸引力，且無法發現產品對自己的便益性和獨特性，策略使無法成立。
- 持續理解客戶的心理與行動，開拓得以創造前所未有的新價值、新客戶的機會。

對談

客戶中心
經營管理的實踐

到目前為止所闡述的「客戶中心的經營管理」，
在實際事業中如何推動？
在執行各架構時，遇到了哪些挑戰？
在導入架構後，產生了什麼變化？
請參考協助進行訪談的三家公司，
他們主事者正在進行的各項努力。

對談1

從客戶的「理想經營」出發，思考產品

新創企業Uzabase的「SPEEDA」、「FORCAS」

Uzabase是以「透過經濟資訊的力量，打造一個人人都可享受商業樂趣的世界」為企業目的，於二〇〇八年創立的新創企業。包含以B2C方式營運的社群經濟媒體「NewsPicks」，和以B2B營運的經濟資訊平台「SPEEDA」在內，提供各種多元服務。原本是抱著客戶中心態度的企業，但隨著SPEEDA為了回應客戶需求而擴充功能，似乎越來越難以看出是在「為誰提供價值」。

自二〇二〇年起，我一直做為負責B2B業務、現為共同CEO的佐久間衡的對應窗口，支持他們開展客戶中心的事業營運。本次再度採訪對方，談論客戶中心的思考方式如何改變事業拓展與公司組織（※訪談內容與職銜皆基於二〇二二年四月採訪當時之資訊）。

受訪者：Uzabase 股份有限公司執行董事、Co-CEO 佐久間衡。
二〇一三年加入 Uzabase 團隊，歷經負責 SPEEDA 日本事業、擔任 FORCAS 與 INITIAL 的 CEO、SaaS 事業部門執行董事等職務後，擔任現職。加入該公司前，曾任職於 UBS 證券投資銀行總部，負責 M&A 與資金籌集調度等財務策略顧問業務。

金融機構與一般企業廣泛使用

西口 「SPEEDA」自稱為經濟資訊平台。您能否告訴我們，當初它以針對何種客戶、提供何種服務成立？目前的狀況又是如何？

佐久間 SPEEDA 提供客戶能夠有效進行市場分析或競爭研究調查的服務。儲存豐富多樣的企業資料庫，例如可以即時快速獲取，諸如在廣告宣傳費上投注了多少金額、是否致力於開發新業務或 M&A 等資訊。最初是以顧問公司與投資銀行為目標對象所開發。過去是專為財務分析專業人士所提供的服務。

然而近年，企業客戶群拓展至一般企業，在因應企業細微、具體需求的同時，也強化了服務的功能，我們是這樣走過來的。我於二〇一三年加入 Uzabase，客戶群的範圍大幅擴張也差不多剛好發生在同一時期。

西口 客戶群的範圍擴張的理由是什麼？

佐久間 當時，由金融機關轉職到一般企業者增加，由於他們希望能在新職場也使用前一份工作用到的SPEEDA，這種需求的導入件數增加。當然，由於在一般公司中各個部門都會使用SPEEDA，從而產生與金融機構不同的分析需求。因此，我們在掌握新客戶反饋的同時，添加了新功能。

其中還誕生了B2B業務客戶策略平台「FORCAS」與新創企業資訊平台「INITIAL」等新業務。SPEEDA本身是針對行銷面向，使用SPEEDA的資料庫，例如抽取「專注於開發新事業的企業」，以建立潛在客戶名單。我覺得這種使用方式有需求，推出之後大受好評。因此，提升建立清單的條件設定精準度、加入運用AI技術的自動分析等功能，將FORCAS獨立成為另一個服務平台。拜近年新創企業興起所賜，INITIAL也是另一個由SPEEDA延伸出來的服務平台。

西口　這是以自家公司最初客戶所發現的需求，並根據客戶回饋所推動的業務發展啊。而在這段期間內，貴公司也經歷了上市的重要里程碑。

佐久間　是的，我們在二〇一六年於東京證券交易所Mother市場上市。伴隨上市我曾一度專注於新事業部門，二〇一九年又回到SPEEDA，發現公司內部成員人數急增，客戶的樣貌也已經改變。因此，我認為首先必須要掌握客戶與伙伴成員們的第一手資訊才行，所以除了客戶，也針對當時SPEEDA成員約兩百人進行了一對一訪談。結果公司內部的問題「不知為誰提供了何種價值」很明確地浮上檯面。對客戶的解析度很粗糙，也未完全理解服務所具備的功能。當時公司陷入成員看不清「WHO」和「WHAT」的情況。

為每家公司提供最佳建議方案，同時擴大規模

西口　這正是客戶群擴展、業務規模擴大才面臨的挑戰。在面對客戶、持續改善的過程中，卻失去了對於客戶全貌的理解。不限於貴公司，我想這是許多企業在事業成長的過程中經常發生的狀況。在這種狀況下，你們採取了什麼對策？

佐久間　我覺得必須盡快突破這個窘境，某種程度由上而下決定了客戶價值「向何種企業提供何種服務」。以此為基礎，為了更進一步擴展客戶群，我認為必須要建構起能夠持續更新ＷＨＯ與ＷＨＡＴ的運作模式。與西口先生見面、導入客戶中心一系列的架構，也差不多是在這個時候。

西口　關於這一點，佐久間先生第一次詢問我時，我記得很清楚、貴公司原本就是客戶中心企業。你們具備這樣的企業態度。

佐久間　確實，我們從創業時便繼承了這樣的態度。本來，SPEEDA 就是針對即使在金融機關中也極為小眾的客群所專業客製化的服務。即使受到該客戶群好評，但當然由於是小眾市場，我們必須持續不斷地摸索接下來要提供的服務。因而誕生了 NewsPicks 等服務平台。Uzabase 是一家持續憂慮「自己無法進一步發展」的企業。自創業初始，我們對持續提供客戶價值的煩惱，便已銘刻在公司的ＤＮＡ中。

剛加入公司時，我清楚記得當時我認為團隊親力親為處理每一件銷售簽約或解約案件的態度令人

驚嘆。**帳戶型行銷**❶（Account-Based Marketing, ABM）的發想，具有以獨特客製化方式、清楚向各別客戶傳遞特定價值的企業文化。然而，如同西口先生先前指出的，一旦客戶數增加，便逐漸看不見客戶的全貌了。由於在組織內部已經培養出強烈的、從客戶角度思考的感覺，我們面臨的挑戰是在活用此種感覺的同時，思考如何擴展客戶群並使各項服務規模化。

我們藉由客戶中心的思考邏輯，花了數個月的時間整理WHO與WHAT。現況則是我們一邊擴展客戶群，一邊持續將更新客戶價值的作業流程加以系統化。

以客戶中心彙整「敏捷管理」的概念

西口　在以客戶中心的思考方式整理事業時，有沒有什麼地方特別有感？

佐久間　我自己最有感、覺得能實現太好了的地方，是以客戶中心彙整了「敏捷管理」（Agile Management）的概念。我們並不僅僅是提供經濟資訊，而是提案藉由SPEEDA與各項服務，讓企業的經營企畫部門人員能更有效益與效率地使用經濟資訊，最終達成「改變經營管理」。然而，我們卻無法確實以文字描述，具體而言應該如何改變更好，而目標與理想型又是什麼。

在與西口先生討論的過程中，某一次您指出「與WHO與WHAT的整體並行，應該將SPEEDA所追求的『理想的經營企畫部門的狀態』，進而推及到以文字來表述『理想的經營管理

❶應該從「客戶」發現了什麼價值，而非企業思考的價值假說，當成考察、討論具體客戶的起點。

狀態』」。這意味著，我們需要展示經營企畫的願景，以及我們如何為目標做出貢獻。確實如此，我實際體會到若不這麼做，就無法明確向客戶提供價值。而在與經營企畫部門的成員進行交流的過程中，我們解讀出經營狀況良好的企業，也就是實現了理想經營狀態的企業。

西口　這就是貴公司在尋找自己認同的理想型、想要支援的經營類型樣貌吧。

佐久間　是的。由此得知，我們想要支援的是以客戶中心為主軸且能夠迅速適應變化的經營管理，若要以言語化呈現，可以稱為「敏捷管理」。藉此，我相信我們能夠在公司內外部都清晰而有力地傳達我們的願景。

這個過程固然棘手，彙整報告時我們也陷入苦戰。雖然與其他成員共同進行，但某一次西口先生問我：「這份報告，裡面有佐久間先生的真心嗎？」「因為描述理想的經營管理、定義經營管理的理想型是高階經理人的工作，若不是採用事業主事者真心的文字言詞，便毫無意義」，我想這是西口先生當時要告訴我的。

西口　我說了一些失禮的話啊……

佐久間　沒有的事，誠如您所言。當然，我到目前為止準備的資料也絕無刻意偷工減料，但被您這麼一問我認為「不對」，所以自己重新書寫。雖然工程浩大，但以個人而言，我認為這是自己近年最好的體驗。

回想這一連串事情，我仍然覺得對我們而言，是一個很大的轉變。不是提供客戶想要的東西，而是描繪對客戶而言的理想型，以此為目標來創造產品。或許這樣的發想太弱了。應該是描繪我們能實現、最佳的客戶終極型態才是。無論身處什麼行業，我認為這對於許多面對「客戶」的人來說，都是重要的提示。

何謂Uzabase視為理想所提案的「經營管理型態」

西口　根據客戶的理想型來思考理想的產品時，產品提案將會更具說服力。換言之，聽者也會有認同感。

佐久間　啊。在敏捷管理的脈絡下，整理 SPEEDA 與其他全部服務的定位，樣貌變得非常清晰。二〇二一年十二月敝公司公布了新的企業目的「透過經濟資訊的力量，打造一個人人都可享受商業樂趣的世界」，而針對 B2B 業務也明文加入「支援實現敏捷管理」的內容。

此外，自從開始導入客戶中心架構的專案以來，我們便提出了「培育具有客戶中心思維邏輯的下一代領導者」的子題，在團隊中加入年輕成員。透過運用客戶中心看到公司整體結構，我感覺也逐漸培養出客戶中心的思考能力。

此外，我相信這也為職場成員帶來工作樂趣。

西口　這一點我也認為非常重要。一旦客戶中心的思考方式普及擴散到組織，將得到客戶的感謝，並實際體會到成就感。如此一來，每個人都將充滿活力，充分發揮自己的能力。這將形成企業逐步轉化為客戶中心組織的良性循環。

佐久間　確實如此。我雖是個興趣廣泛的人，但認為工作最有意思。既有社會聯繫，且超越眾人立場與個性，與各式各樣的人追求相同目標很有趣。若得以實現客戶中心的經營管理，對於身在現場的人而言，應該也會實際感受到對客戶的貢獻與工作幹勁增加。

除此之外，客戶中心的命題之下，無關乎董事長或成員等的職位不同，彼此的立場變得平等，我認為這也帶來巨大的影響。若能夠面對客戶自發自主進行決策，工作起來也會很愉快。在我們自己也以成為這樣的企業為目標的同時，若有更多的企業能夠透過我們的服務，實現客戶中心的敏捷管理，我們將會非常高興。

對談2

為推動業務成長，管理層聽取客戶回饋並即時改善

三住「meviy」

三住集團總公司以機械零件為主要商品，與全球約三十三萬家公司有銷售業務往來，在二〇一六年推出了運用AI的數位化機械零件採購服務「meviy」。將至今為止耗時的零件調度採購加以數位化，提供自下單後最快只要一天即可出貨的服務。

以大幅縮減採購勞力與時間為優勢，順利帶動客戶數成長，但為了要更加理解各別客戶，三住在二〇二〇年九月展開客戶中心的行銷、溝通改革專案。藉由調整銷售活動或改善從客戶的使用方式得到的線索等，目前用戶客戶數高達七萬名（二〇二二年五月）。我向該業務的負責人，同時也是三住集團總公司常務執行董事的吉田光伸先生，請教一連串的措施與反應。

（※以「日經business電子版」二〇二一年九月二十九日之公開報導為基礎所編輯）

受訪者：三住集團總公司常務執行董事ＩＤ、企業董事長吉田光伸。
任職日本國內大型通訊公司、外資大型軟體等後，於二〇〇八年加入三住集團總公司。以業務主事者身分，加速推動日本國內業務重組和中國事業成長後，從事創建「meviy」業務。二〇一八年伴隨為發展該項業務而成立ＩＤ（Industrial Digital Manufacturing）共同企業，就任該共同企業董事長一職。

大幅縮短零件採購時間的「meviy」

西口 meviy 是製造業數位轉型的代表案例而廣受矚目。二〇一九年，meviy 與豐田汽車共同開發專案的第一步，是增加了自動連結零件洞孔類型和與精密程度等製造資訊的功能。

吉田 是的。這項功能沒有藏私於豐田汽車集團內部，而是開放提供給 meviy 用戶使用。我們兩家公司雙方都有意願支持日本製造業領域的數位轉型，因此促成了這個專案。

西口 這是令人樂見未來發展的前瞻計畫呢！那麼，能否請教您貴公司至今在零件採購領域的發展，並介紹一下 meviy？

吉田 敝公司自創業以來，一直從事針對製造業工廠端的設備等所需零件的製造和銷售業務。零件採購原本就是非常費力與耗時的領域，敝公司自一九七七年起成為業界先驅，率先開始透過目錄販售，此外，還透過對零件半加工的標準化系統，顯著提升了工作效率。我們認為這是敝公司的第一項創新。

之後，雖然客戶數與零件數持續成長，但即使是現在，在客戶需求的零件中約有半數，仍是目錄所無法涵蓋的客製化商品。在紙上描繪圖面傳真給加工公司並委請他們報價，在過去只能以這種傳統方法訂購。

接著，我們推動第二項創新，便是包含客製化商品在內，展現極度效率化的 meviy。只要上傳 3D CAD 數據資料，透過 AI 便可即時提出報價與交貨期，在收到訂單的同時會自動由數據生成加工程序，並可在完成零件製造後最短一天內出貨。假設要採購一千五百個零件，相對於從繪製圖面開始的傳統方法大約需耗時一千小時，而使用 meviy 大約可在八十小時內完成，所需時間減少了九二%。

許多人認可了這種效率化，客戶數量穩定增加，至二〇一九年四月正式開始全面發展此項業務時，用戶數達約一萬名。

西口　貴公司導入客戶中心架構是在二〇二〇年，當時遭遇了哪些挑戰？

吉田　敝公司原本就有貼近客戶、為客戶盡力解決困擾的客戶中心企業文化。平常商品負責人便會經常拜訪客戶，深入了解對方需求，或者向客戶拋出想法來尋找新商品的靈感。

而在 meviy 這項服務中，為了進一步解決客戶問題與擴大事業規模，我們認為必須更充分地了解每位客戶並回應他們的需求。同時，在向客戶提供資訊時，也必須要在合乎各別需求的時間點，提供適當的內容。

正當此時，我得知客戶中心的思考方式，認為對客戶進行細緻的區間分類並加以理解可能是解決我們面臨挑戰的線索。由於之前我們已經先將B2B的銷售作業流程模型「The Model」付諸執行，我直覺上認為將The Model與西口先生的理論結合，能夠最大程度的提高效率。

忠實客戶的特殊使用方式成為功能改善的線索

西口　您採取的第一個行動是檢視銷售活動吧？

吉田　是的。回顧是否有忽視客戶需求而提出方案的狀況，改善對話溝通方式，以便能掌握問題所在。同時並行「五區間」調查，實施流失客戶與忠實客戶的N1訪談。從此處發現，追蹤招致企業客戶流失的最大原因在於「自動報價不成功」。由於問題原因明確，大家能夠團結、集中火力積極開發、因應。目前，針對客戶要求的零件自動報價功能已經有了顯著的發展。

此外，從對忠實客戶的訪談中，我們發現了令人意外的使用方式。基本的UI／UX設定會提示逐項上傳單一的數據檔案，但忠實客戶會選擇並拖曳十個，甚或一百個CAD檔案後上傳。即使其中有高達兩成的檔案無法完成自動報價，但若剩下的八成檔案能夠一次下單，光是這樣他們也都認為足以節省相當多的時間。

西口　這十分有趣。忠實客戶經常會從企業端未曾預料的使用方式中，發現價值。

吉田　是啊。忠實客戶的聲音當然很重要，而透過額外追加的訪談中發現，其他的客戶也表示此種方式使用起來更容易，這一點也同樣重要。

因此，我們將ＵＩ／ＵＸ變更顯示為清單形式，以便使用者能夠更輕鬆地彙整一次拖曳所有項目。當舉辦公告此調整的宣傳活動時，彙整上傳檔案的客戶總數增加為兩倍以上。我可以確實感受到這削減了客戶端的工作量，而從我們的事業觀點而言，這也促使客戶的單次消費金額增加。

高層管理者同步參與Ｎ１訪談

西口　除了一系列的改革行動外，我相信大幅提升本次改革成果的，是業務高層主事者的吉田先生在Ｎ１訪談時的即時同步參與。

吉田　由於我並非是面對面參加，而是線上參與，即使我同在線上，也不會讓參加者感到任何壓力而能夠聽到他們的真心話。

西口　果然，決策者的在場與否，會改變客戶樣貌的解析度。聽來的二手資訊有其極限。若高層主事者是在理解與認同之後進行決策，我認為決策速度將無出其右。

然而，舊版ＵＩ／ＵＸ的使用介面已經運作了三年左右，我相信有許多客戶已經相當熟悉。實際上，我諮詢支援的許多案例中，當進行重大變革時，必然會在公司內部引起相當的討論。針對本次變革，內部有反對意見嗎？

吉田　有的。第一線同仁最初希望的方案，是維持基本的ＵＩ／ＵＸ設定形式，而易於彙整上傳的清單形式則是以「建議方案」的選項呈現。但是我說「讓我們反過來做吧」。透過將清單形式設定為預設值，鼓勵用戶未來皆以彙整上傳的方式進行操作，這是我當時的決斷。

西口　您之所以能夠跨出這一步，是因為先前提到，透過額外追加的訪談確認了客戶需求嗎？

吉田　是的。此外如同您剛剛指出的，由於我與管理階層的成員透過 N1 分析，聽到了客戶的真實反饋，我相信我們某種程度已經掌握了該怎麼做才能使客戶充分使用 meviy 服務並從中獲得價值的可能路徑。

加上，若能以彙整上傳的方式操作，將可減少逐一嘗試單一檔案卻因自動報價不成功造成客戶流失的狀況。這也是此項對策的優點。

掌握客戶心理，防止「無聲的訂單消失」

西口　更進一步自二〇二一年四月起，進行九區間調查、並推行基於調查結果的策略。藉由在五區間，加上下次是否有使用意願的軸線而成的九區間，取得了哪些進展與回響？

吉田　以客戶心理為基礎，我們目前正在著手進行「客戶接點的再設計」。

Meviy 實際上具有多元各樣的客戶接點，包含電子郵件在內的數位接點、內勤銷售業務與外勤銷售業務等。我們正在嘗試重建客戶接點的整體架構。透過九區間，我們意外發現實際狀況，像有意願使用服務但尚未展開首次使用者，其實並不了解基本優點。

此外，我還注意到，我們單方面向非忠實客戶、剛開始使用者，提供了過於困難的資訊。有鑑於此，我們正在確認針對各別消費者區間提供的「最適化資訊」，希望未來可以以最恰當的方式將資訊提供給客戶。

而九區間分析結果最令人震驚的，清楚呈現了「消極忠實客戶」的存在，他們雖是忠實客戶，但卻無意再度使用服務。此一「是否具有下次使用意願」的軸線，對於我們來說展開了全新觀點，我覺得這將是促進行銷與經營管理本身持續進化的元素，令人耳目一新。

西口　在B2B的領域中，經常發生毫無徵兆突然失去合約、被稱為「無聲的訂單消失」的狀況。若能掌握不具備下次使用意願的「消極」忠實客戶的心理，便能夠防止此種狀況發生。

吉田　是啊。無論是內勤或外勤銷售業務，未來都必須關注消極客戶以降低風險。而針對這些客戶的N1訪談也由大家共同參與，所以大家皆能認同N1的重要性與意義。

西口　最後，能請教您對未來的展望嗎？

吉田　敝公司擁有可獨立彙整客戶反饋並加以資料庫化的系統，並活用於判斷每週各部門執行業務優先順序等作業上。我們將加速此項行動。

業務規模一旦擴大，特別是經營管理階層將變得很難看見客戶的樣貌，與客戶變得疏遠。我親身感受到客戶中心一系列的架構，拉近了經營管理階層與客戶的距離。在藉由定期調查保持近距離觀察的同時，以俯瞰觀點掌握事業全貌非常重要。這麼一來，我們才能不斷以客戶中心的角度來精進我們的服務，為客戶爭取更多時間，為提升製造業整體生產力做出貢獻。

而且自二〇二一年度起，我們也開始在全球擴展 meviy 服務。我們以從日本出發，成為全球首屈一指的製造平台為目標，今後也將基於客戶中心持續不斷進化發展。

對談3

在事業與組織中，實施客戶中心思維

新創企業CyberAgent的「ABEMA」

CyberAgent的「ABEMA」是於二〇一六年與朝日電視台合作、以「電視的『二度發明』」為概念開始的服務。引領該公司的媒體事業，WAU（Weekly Active Users）規模約達一千五百萬人（二〇二二年五月）。二〇二一年將電視與影片置於同一螢幕畫面，改善為更易於使用。

原本便是基於客戶數據分析與客戶意見進行積極改善的企業，為了消除無法找出原因的瓶頸，公司採用了細分整體客戶群的客戶中心思維的對策。據負責ABEMA業務的CyberAgent專職執行董事的小池政秀表示，目前已成為「跨部門的共通語言」。

（※以「日經business電子版」二〇二一年九月一日之公開報導為基礎所編輯）

受訪者：CyberAgent 專職執行董事小池政秀。
歷任多個網路相關公司後於二〇〇一年進入 CyberAgent 公司。從事媒體廣告業務後，以負責人身分參與推出 ABEMA 等多項媒體平台、遊戲服務業務。二〇一一年出任 AMoAd 代表董事、二〇一二年為 CyberAgent 董事，自二〇一六年起 Abema TV 董事（兼任），後於二〇二〇年擔任 CyberAgent 專職執行董事。

CyberAgent的媒體業務

西口　貴公司是以廣告業務、遊戲業務與媒體業務三足鼎立方式，推動公司發展。作為媒體業務的領頭羊，「ABEMA」的用戶數量正在穩步成長。您能與我們分享最近閱聽觀眾的變化，以及相應的策略變化嗎？

小池　從二〇二〇到二〇二一年的這一年之間，在電視設備上的觀看次數增加。隨著時代變遷，觀看設備從智慧型手機擴展到平板電腦再到電視，隨著觀看人數增加，我覺得對 ABEMA 本身的需求也在提高。

然而，我們在提高探索用戶所需的同時，設計開發內容，這個立場從未改變。最初的概念是「電視的『二度發明』」。只要打開電源，事先規畫安排好的節目正在播放，可以隨意任選頻道……我們試圖在網路上創造一種被動的觀看體驗。由於無線電視往往聚焦在年齡層相對較高的觀眾族群，所以我們發展的機會重點著眼於，目前市面上尚不足的、以年輕世代為目標對象的內容。以此為出發點，我們在以年輕人為主角的愛情節目與連續劇上投入許多精力，我認為目前這樣的節目定位已經逐漸普及。

西口 目前有不少年輕世代經常使用的影音服務平台，請問 ABEMA 的獨特性為何？

小池 首先，它結合了二十四小時線性有固定節目的「電視」，以及個人能夠隨心所欲觀看的「隨選隨看」。由於 ABEMA 電視具有留言評論功能，我相信我們提供了在網路上，一起即時觀賞炒熱氣氛的體驗樂趣。

就內容面而言，ABEMA 的特色不在於提供其他影音服務平台沒有的內容，而是限縮於目標觀眾族群來創建內容。我們一直以來都非常重視用戶的聲音，都根據他們的需求來進行節目的規畫、選角與組成結構。

節目表中除了原創的新聞、娛樂節目與連續劇之外，還有將棋、麻將與格鬥、嘻哈音樂與衝浪等，透過無線電視發掘出的利基領域。由於這些內容皆有狂熱的粉絲在追，無論深夜或清晨他們都會發表留言評論。

西口 對於死忠的核心粉絲而言，可以討論小眾話題所營造的歸屬感，一定很有意思吧。

小池 是啊。狂熱粉絲的存在，意味著有些人想要理解並享受該領域的深度內容。但隨著與該內容互動的人數稍加擴大，就會出現一些對於不熟悉該領域的人而言，難以理解的內容。對於這樣的觀眾，我們將以新系統來加以補強，而後急速蔚為主流。目前在 ABEMA 的製作現場，所有團隊成員在各自內容類型中都有意識的致力於此種「觀看體驗的開發」。

客戶中心架構成為跨部門的「共通語言」

西口 我們從外部看見了 ABEMA 的顯著成長，而在導入客戶中心架構時，貴公司又是如何掌握客戶需求的呢？

小池 由於 CyberAgent 本來就是一家專注於數據分析的公司，在 ABEMA 服務上，也始終致力於根據內部數據分析與用戶回饋進行改善。廣泛掌握來自客戶服務／支援所收到的意見，以及社群網站上的反應，並進行相應程度的分析。APP 的介面進行變更時，我們也會邀請用戶參加「體驗會」，便於他們可以實際試用。

然而，無法將使用者全體進行區隔細分，也無法針對整體客戶群進行定期的訪談分析。即使注意到某個特定部分的服務停滯，也無法了解它背後成因。我想，客戶中心架構或許能夠為我們深度挖掘理解用戶意見的線索與提示。

西口 開始進行客戶中心分析之後，除了設定 ABEMA 整體的 TAM 客戶數（第 101 頁，不僅是現有客戶，而是指稱包含未認知者與未使用者在內的整體客戶）之外，還按照各別節目類型與利基領域，針對目標用戶進行了細密的粒度分析。

小池 確實如此。由於若以平台整體為範圍來思考則過於廣泛，我們針對新聞或連續劇等各別類型，甚至更進一步針對每個節目設定TAM，藉此追蹤客戶動態。

西口　針對各區間的客戶也實施了以一對一方式進行訪談的「N1訪談」，當時現場負責人的興奮程度令人印象深刻，這與之前所進行的訪談調查有何不同？

小池　我認為最重要的還是進行了市場區隔細分化。可以明確感受到使用頻率高，也有持續使用意願的「積極忠實客戶」族群實際的想法，大家都得到了回應。這比起單純的「客戶意見」更有說服力。

此外，一旦改變與客戶互動的方式，例如了解各別客戶區間的客群特徵並掌握他們的需求等，這便成為一種共通語言。公司內部的溝通變得非常容易。

專注於服務內的周遊與個人化

西口　您是說進行客戶群區隔細分化能夠提高客戶樣貌的解析度，進行更細緻的討論。

西口　是的。此外，我們還確實感受到在各別領域中，之前沒有注意到的需求。例如對動漫的需求比預期更大，或者年輕男性對將棋出奇地感興趣等，藉此發現了我們可提供的「尚未被注意到的便益性」。一旦掌握這些事實，建立假設與分析的切口便會隨之擴展。由於發現了比預期更多、「讓人們有這樣的體驗，便有機會成為忠實用戶」的可能模式，這會讓我們想要多方進行嘗試。在利用數據時，我們先以粗略假設為基礎、測試分析與進行優化，並更大規模的進行測試後再持續優化，重複這樣的過程非常重要。由於這樣做將大幅增加可能得到的啟發，將會發現許多值得深究的假設線索，這是一大優點。向最適化用戶提供最適化內容，由於現在正是改善匹配演算法的時機，這分析可活用於未來。

西口　二〇二一年，ABEMA 的介面已有所更新。

小池　是的。簡單來說，我們將原本分開的線性播放「電視」與隨選隨看「影片」合併在相同首頁。此次升級主要是希望用戶能夠更全面性的體驗 ABEMA 所提供的價值。

與此同時，我們也致力於將頻道與內容顯示做得更個人化。要進行各別最適化，若缺乏每位用戶的大量相關數據會很難做，具備充分數據的用戶果然如預期的少。在此情況下，除了建立某種程度的假設並進行驗證外，別無選擇。此時，不僅是過去的實績數據資料，若能夠更深入挖掘目前縝密的客戶分析所發現的潛在需求，並納入邏輯中，我相信建立假設的範圍將會擴大。

西口　將行為數據分析得出的邏輯直接放入演算法，同時透過量化研究獲得的假設來補充邏輯，例如年輕人對將棋感興趣的啟發等。這可能是利用客戶中心架構的最極致模型。

小池　這是我們努力的方向。我們還想將從這一系列的分析中所獲得的啟發，同時拿來當作檢討評估「如何讓人們感興趣」等表現模式的材料。

網路服務不可或缺的「使用者至上」態度

西口 目前影像內容的閱聽環境正在發生重大變化。年輕世代的電視收視率大幅降低。這種現象變成理所當然，與在智慧型手機上觀看無線電視節目（內容）或在電視設備上觀看線上內容的推波助瀾有關。我感覺情況似乎又回到了原點，「高品質內容」獲得眾人支持。

ABEMA 所主張的「電視的『二次發明』」，是基於過去大多數年輕人看電視的情況所發想出來的概念。針對現狀，您有何因應之道？

小池 首先，正如您所說，我們是以吸引大多數年輕人的關注為目標。同時，不限定於年輕族群，我們正在努力將我們的閱聽受眾，擴展到慣於使用網路的各方人士。

在此過程中，目前我們也實際感受到「電視正在捲土重來」的力量。原來觀賞無線電視習慣的觀眾開始在電視設備上使用 ABEMA，隨著此種成長加速，我們希望繼續深入挖掘這項需求。

然而，與此同時，過去在智慧型手機上觀看 ABEMA 的觀眾，現在也開始在電視上觀看本服務。所以基本上，我們正致力於發現具有潛力的可能閱聽觀眾。

西口 順帶一問，貴公司如何分享使用架構的分析成果呢？

小池 我們基本上是向所有人開放。我們整備環境，從高階經理人到第一線人員都可以相同方式查看絕大多數的數據資料，如閱聽者的分析調查結果等。當然，我們會據此進行管理決策，而對第一線現場人員有所幫助的數據資料也都可以自由運用。

目前，除 ABEMA 之外，我也在其他負責的事業中導入客戶中心架構。所有部門都採用相同的思維，每個人都使用相同的語言進行討論，從而可以全面共享專業知識（know-how）。這對第一線現場來說是一大利多，也讓我更易於掌握全局。

西口　那真是令人高興。架構運用的目標之一，便是成為跨部門的共同語言。

小池　目前我們已經在自主運作中了。由於出現了某種問題，我提出是否要試著進行 N1 訪談，同事告訴我「我們已經在處理了」。我們固有的組織文化便支持大家勇於挑戰，每個人都非常渴望以新的思維方式與分析手法來改善服務。而本次藉由客戶中心架構所進行的分析，由於預見可用於未來路徑，所以我也樂觀其成。

西口　最後，能與我們分享您對貴公司發展客戶中心事業營運的未來展望嗎？

小池　大家若不使用網路服務，我們基本上就是「靜止」的。而網路使用的規模不夠大，相關的廣告業務也無法生存。因此，可以說使用者至上的態度是 CyberAgent 媒體業務的根基。今後本於此種文化，我們希望繼續更努力了解用戶，並嘗試開發出滿足他們期望的服務。

結語

感謝各位讀者閱讀到最後。

這三年來，我在支援許多企業客戶的同時，又重讀了許多前人留下的經營管理方面的書籍與論文，得以深入思考何為經營管理。

我自一九九〇年泡沫經濟以來，在經營管理現象所經歷的種種，以及在提供各種經營管理諮詢支援中的發現、決定成敗的經營管理的根幹基礎，絕非高深的概念，一言以蔽之便是「為客戶創造價值」。我深信這不僅可以寫成文字、變成文章，還可轉化為能夠在實務運用並普遍共享的顯性知識，我終於完成了這本書。寫完後，雖然注意到還有應該可以補充之處，但我想自己已總結了想要傳達給讀者的所有內容。

一方面這三年我一直在思考何為經營管理，而且似乎也找到了「人為什麼要工作？」問題的答案，儘管這並非在構思本書時原有的本意。

當然，為了己身的生活與生存，為了照顧家人和心愛之人，賺取所需金錢是非常重要的理由。這是生存本能，一種為了持續生存而付出的努力。資本主義透過經營管理，立足奠基於此種生存本能之上，為了持續創造利潤而企圖最大限度的激發人類潛力。這就是人類「工作的理由」。

然而，人類工作似乎不只是為了賺取金錢。我認為我們人類從根本上而言，具有想要創造某種價值的本能。當覺得自己對他人有所貢獻時、當有人對自己說「謝謝」時，當看到他人無言的喜悅與微笑時，我們會真實感受到自己創造出的價值，以及認同此一價值的客戶存在，也能夠感受到自身存在的意義。

近年來，我們聽到許多關於所有管理都需要目標、願景、使命和價值觀的討論。為何會如此？這是因為這些討論闡明了僅是追逐財務指標所無法實現的「人們工作的意義」，清楚呈現了「謝謝」所代表的意涵。

以誰為客戶，創造出何種價值而得到對方「感謝」？經營管理產生的價值，固然會由每個人都能看見的金錢、轉換為財務數字結果，但同時也會產生「感謝」。若是在這個結構中沒有客戶的「感謝」，財務表現不過是一時的，將無法持續。

在觀察許多公司組織的過程中，我見過許多公司即使財務狀況嚴峻仍不減鬥志動力，全體團結一致面對客戶、穩步發展事業。本書介紹的企業客戶也位於其中。但另一方面，我也見過即使財務表現出色，但意識調查顯示員工缺乏動力、離職與流動率高的公司。就我所見，我認為兩者的差別在於是否能夠看出從誰那裡得到了「感謝」。

自家公司必須存在社會的理由為何？其他公司做不到、唯有自家公司能夠創造的價值又是什麼？這種價值對誰而言、具有何種便益性與獨特性？你能夠從中看出或感受到超越金錢的「感謝」嗎？我認為應該是這一點支撐了人類的動力並團結了組織。

將某人視為客戶、為其創造某種價值並獲得「感謝」，人類可藉此感受到生存價值。甚至比起作為勞動的對價獲得經濟上的金錢報酬，得到「感謝」的體驗可能是更重大的「工作理由」或「生存理由」。

「對客戶心理、多樣性、變化的理解」是本書的出發點，意味著將客戶視之為人。我動筆時雖然尚未注意到這一點，但所謂「我想要追求的是將客戶視之為人，並能夠贏得客戶『感謝』的經營管理」，我認為這是自己出於情緒上，希望提出根植於人性本善的經營管理方式。

想要創造價值並為他人有所貢獻是人性本善的動機，也會連動到每天日常的努力不懈。透過向他人提議某種價值，實際體驗到價值獲得認同的「感謝」，人們將會試圖更進一步成長與進化。這是人類成長的積極動力，而透過與此動力連結，經營管理方得以持續實現客戶的價值創造，並對打造社會價值有所貢獻。

衷心期待本書能夠對各位讀者有些微助益，我並就此擱筆，感謝大家。

謝辭

自構思開始歷經三年後本書得以出版，我留心提出不受時代限制，未來也能夠加以運用、具有普遍通用性的內容並加以架構化。自構思初始以來，在主題與事例漸趨廣泛、組成內容也持續變化的過程中，永遠並肩同行給予我支持的編輯高島知子小姐，藉此機會向她致上我最深切的感謝。若自我的第一本著作《讓大眾小眾都買單的單一顧客分析法》算起，超過五年以上的時間，她總是從讀者觀點提供建議，成為我穩定不移的軸心砥柱。即使沒有充分時間也毫不妥協地持續推進工作，終至抵達終點。我真的非常感謝她。而自二〇二一年開始寫專欄之後，便承蒙日經Business的各位、編輯村上富美小姐的諸多照顧，讓我能夠深入學習讀者，即各式各樣經營管理者的問題意識，也大大擴大了自身視野。非常感謝。

此外，我也要衷心感謝本書所介紹的Asoview、Life is Tech、GrowthX、Uzabase的SPEEDA，以及FORCAS、三住meviy、CyberAgent的ABEMA，以及M-Force相關人員的協助，公開介紹自家公司的經驗與所採取的措施內容，非常謝謝大家。我無法在此處盡數介紹自己支援的各家企業客戶，以及在此三年之間接受諮詢、超過兩百位以上的各位經營管理者、業務主事者，我得以從您們身上獲得嶄新的觀點視角和非常多的學習，也想在此處表達我的感謝之意。非常感謝諸位。

以及，為本書撰寫精彩推薦語的楠木建先生，我想要向其人其書表達感謝之意。我從楠木先生在二〇一〇年在日本出版的著作《策略就像一本書：為什麼策略會議都沒有人在報告策略》中得到了許多幫助。當我剛開始在歐舒丹擔任執行董事，必須與超過一萬四千名的公司員工與店員一起，在一年之內遂行完成改革之際，這本書成為我的強力支柱。藉由在每週的全體會議上，不僅是單純宣布策略或措施，而是透過討論可以在客戶與商品之間創造何種價值，這對於店員、公司員工、總公司、合作伙伴公司而言，又代表何種意義，以及該如何加以連結至持續述說具整體性的故事。我真實感受到這帶來了第二年的經營成果。非常感謝。

最後，我衷心感謝家人佐和子與舞花，對於我選擇轉換職涯跑道創立新公司、投入經營管理諮詢與投資等工作，完全沒有顯露不安且持續給予我溫暖聲援。非常感謝。

二〇二二年六月 西口一希

參考文獻

- **《21世紀的管理挑戰》**，彼得．杜拉克著，侯秀琴譯，博雅，2021年。
- **《amazon稱霸全球的戰略：商業模式、金流、AI技術如何影響我們的生活》**，成毛真著，涂文鳳譯，高寶，2019年。
- **《MADE IN JAPAN：我的國際化策略體驗（暫譯）》**（MADE IN JAPAN（メイド・イン・ジャパン）─わが体験的国際戦略），盛田昭夫、愛德溫．賴因戈爾德著，下村滿子譯，朝日新聞出版，1987年。
- **《下一個社會》**，彼得．杜拉克著，劉真如譯，商周出版，2002年。
- **《井深大：生活革命（暫譯）》**（井深大：生活に革命を），武田徹著，密涅瓦書房，2018年。
- **《井深大我的履歷表：自由闊達且愉快（暫譯）》**（井深大自由闊達にして愉快なる─私の履歴書），井深大著，日本經濟新聞出版，2013年。
- **《目標（35週年紀念版）：簡單有效的常識管理》**，伊利雅胡．高德拉特、傑夫．科克斯著，齊若蘭譯，天下文化，2022年。
- **《世界標準的經營理論（暫譯）》**（世界標準の経営理論），入山章榮著，鑽石社，2019年。
- **《右腦思考：善用直覺、觀察、感受，超越邏輯的高效工作法》**，內田和成著，周紫苑譯，經濟新潮社，2020年。
- **《好策略．壞策略：第一本讓歐洲首席經濟學家欲罷不能、愛不釋手的策略書》**，魯梅特著，陳盈如譯，天下文化，2018年。

- **《企業達爾文：如何能永遠創新？思科等百家企業印證的14種成功創新類型》**，傑佛瑞．墨爾著，何霖譯，臉譜，2007年。
- **《杜拉克：管理的實務》**，彼得．杜拉克著，李芳齡、余美貞、李田樹譯，天下雜誌，2002年。
- **《杜拉克精選：社會篇》**，彼得．杜拉克著，黃秀媛譯，天下文化。2001年。
- **《杜拉克精選：個人篇》**，彼得．杜拉克著，陳琇玲譯，天下文化，2001年。
- **《杜拉克精選：創新管理篇》**，彼得．杜拉克著，張玉文、羅耀宗譯，天下文化，2007年。
- **《杜拉克精選：管理篇》**，彼得．杜拉克著，李田樹譯，天下文化，2001年。
- **《利潤的故事：23場來自獲利大師的機密對話錄》**，亞德里安．史萊渥斯基著。宋美錦譯，巨思文化股份有限公司，2005年。
- **《社會生態願景：對美國社會的省思》**，彼得．杜拉克著，胡瑋珊、白裕承譯，博雅，2020年。
- **《彼得．杜拉克的管理聖經（經典新裝版）》**，彼得．杜拉克著，齊若蘭譯，遠流，2020年。
- **《到聖和夫的實學：經營與會計》**，稻盛和夫著，蔡青雯譯，天下雜誌，2011年。
- **《奇點臨近（暫譯）》**（*The Singularity Is Near: When Humans Transcend Biology*），雷．庫茲威爾著，Penguin Books，2005年。
- **《追求卓越：探險成功企業的特質（全新修訂版）》**，畢德士、華特曼著，胡瑋珊譯，天下文化，2005年。

- **《為什麼A^+巨人也會倒下：企業為何走向衰敗，又該如何反敗為勝（暢銷新莊版）》**，詹姆·柯林斯著，齊若蘭譯，遠流，2020年。
- **《為成果而管理》**，彼得·杜拉克著，羅耀宗譯，博雅，2021年
- **《科技頑童沃茲尼克》**，沃茲尼克、史密斯著，王志仁、齊若蘭譯，遠流，2007年。
- **《財務思維侵蝕日本企業的疾病與再生策略論（暫譯）》**（ファイナンス思考日本企業を蝕む病と、再生の戦略論），朝倉祐介著，鑽石社，2018年。
- **《原來問題在這裡！：訂單拿不到、存貨銷不掉、顧客意見聽不到的終極解決之道》**，遠藤功著，柳芝伊譯，高寶，2007年。
- **《基業長青：高瞻遠矚企業的永續之道（暢銷新裝版）》**，詹姆·柯林斯、傑瑞·薄樂斯著，齊若蘭譯，遠流，2020年。
- **《假說思考：培養邊做邊學的能力，讓你迅速解決問題》**，內田和成著，林慧如譯，經濟新潮社，2014年。
- **《現場力》**，遠藤功著，明珠譯，高寶，2006年。
- **《從A到A^+：企業從優秀到卓越的奧祕（暢銷新裝版）》**，詹姆·柯林斯著，齊若蘭譯，遠流，2020年。
- **《發生的感覺：身體和情感在意識形成中的作用（暫譯）》**（*The Feeling of What Happens: Body and Emotion in the Making of Consciousness*），安東尼歐·達馬吉歐著，Mariner Books，2000年。
- **《逆·時光機管理論：從近代歷史中汲取的經營智慧（暫譯）》**（逆・タイムマシン経営論近過去の歴史に学ぶ経営知），楠木建、杉浦泰著，日經BP，2020年。

- **《尋找斯賓諾莎：歡樂、悲傷和感覺大腦（暫譯）》**（*Looking for Spinoza: Joy, Sorrow, and the Feeling Brain*），安東尼歐．達馬吉歐著，Harvest，2003年。
- **《創造與慢想：亞馬遜創辦人貝佐斯親述．從成長到網路巨擘的選擇、經營與夢想【《賈伯斯傳》作者艾薩克森Walter Isaacson導讀】》**，傑夫．貝佐斯著，趙盛慈譯，天下雜誌，2021年。
- **《創意，從無到有（中英對照×創意插圖）》**，楊傑美著，許晉福譯，經濟新潮社，2015年。
- **《創新求勝：智價企業論》**，野中郁次郎、竹內弘高著，楊子江、王美音譯，遠流，1997年。
- **《創新的用途理論：掌握消費者選擇．創新不必碰運氣》**，克雷頓．克里斯汀生、泰迪．霍爾、凱倫．狄倫、大衛．鄧肯著，洪慧芳譯，天下雜誌，2017年。
- **《創新的兩難【20週年暢銷經典版】：當代最具影響力的商管奠基之作，影響賈伯斯、比爾．蓋茲到貝佐斯一生的創新聖經》**，克雷頓．克里斯汀生著，吳凱琳譯，商周出版，2022年。
- **《創新的競爭策略：優越創新者是從無到有？或是橫刀奪取？（暫譯）》**（イノベーションの競争戦略：優れたイノベーターは0→1か？横取りか？），內田和成著、編，東洋經濟出版社，2022年。
- **《創新與創業精神：管理大師彼得．杜拉克談創新實務與策略（增訂版）》**，彼得．杜拉克著，蕭富峰、李田樹譯，臉譜，2009年。
- **《策略就像一本故事書：為什麼策略會議都沒有人在報告策略？》**，楠木建著，孫玉珍譯，中國生產力中心，2013年。
- **《策略規劃概論建立企業策略的理論與實務（暫譯）》**（戦略策定概論企業戦略立案の理論と実際），波頭亮著，產能大出版部，1995年。

- **《躲在我腦中的陌生人：誰在幫我們選擇、決策？誰操縱我們愛戀、生病，甚至抓狂？》**大衛・伊葛門著，蔡承志譯，漫遊者文化，2013年。
- **《腦的意識機械的意識——腦神經科學的挑戰（暫譯）》**（脳の意識機械の意識　脳神経科学の挑戦），渡邊正峰著，中央公論新社，2017年。
- **《跨域領導：解決問題、激發創意和組織轉型六項實踐（暫譯）》**（*Boundary Spanning Leadership: Six Practices for Solving Problems, Driving Innovation, and Transforming Organizations*），克里斯・恩斯特、唐娜・克羅波特－梅森著，McGraw-Hill Education，2010年。
- **《跨越鴻溝》**，佛傑瑞・墨爾著，陳正平譯，臉譜，2000年。
- **《賈伯斯傳（紀念增訂版）》**，華特・艾薩克森著，廖月娟、姜雪影、謝凱蒂譯，天下文化，2023年。
- **《意識何時產生：挑戰大腦謎團的統合資訊理論（暫譯）》**（*Nulla di più grande*），馬西米尼（Marcello Massimini）、托諾尼（Giulio Tononi）著，Baldini + Castoldi，2017年。
- **《複雜導讀（暫譯）》**（*Complexity: A guided tour*），梅拉妮・米歇爾著，Oxford University Press，2011年。
- **《管理工作的本質（暫譯）》**（*The Nature of Managerial Work*），Henry Mintzberg，Harpercollins College Div，1973年。
- **《影響力：說服的六大武器，讓人在不知不覺中受擺佈【個案升級版】》**，羅伯特・席爾迪尼著，閻佳譯，久石文化，2016年。

- **《鍛鍊你的策略腦：想要出奇制勝，你需要的其實是insight》**，御立尚資著，梁世英譯，經濟新潮社，2011年。
- **《藍海策略增訂版：再創無人競爭的全新市場》**，金偉燦、莫伯尼著，黃秀媛、周曉琪譯，天下文化，2021年。
- **《雙向發展的經營管理：如何解決創意者的困境（暫譯）》**（*Lead and Disrupt: How to Solve the Innovator's Dilemma 2nd*），查爾斯·奧賴利、麥可著·圖什曼著，Standford Business Books，2021年。
- **《競爭策略：產業環境及競爭者分析》**，麥可·波特，周旭華譯，天下文化，2019年。
- **《蘭徹斯特法則精盈實踐：小公司老闆不得不知的8個經營實踐步驟》**，竹田陽一著，先鋒企管，2004年。
- **《邏輯思維不是萬靈丹，創造性假設誕生於調和不同價值觀（暫譯）》**（論理思考は万能ではない異なる価値観の調和から創造的な仮説が生まれる），松丘啓司著，First Press，2010年。
- **《顧客便鐵粉：品牌背後的未來（暫譯）》**（*Lovemarks: the future beyond brands*），凱文·羅伯茨、萊夫利著，Power House Books，2005年。

客戶中心策略：
經營最重要的是盯住客戶、掌握客戶、讓客戶願意一再買單

作者	西口一希
譯者	方瑜
商周集團執行長	郭奕伶
商業周刊出版部	
總監	林雲
責任編輯	林亞萱
封面設計	FE DESIGN 葉馥儀
內頁排版	陳姿秀
出版發行	城邦文化事業股份有限公司 商業周刊
地址	104台北市中山區民生東路二段141號4樓
	電話：(02) 2505-6789　傳真：(02) 2503-6399
讀者服務專線	(02) 2510-8888
商周集團網站服務信箱	mailbox@bwnet.com.tw
劃撥帳號	50003033
戶名	英屬蓋曼群島商家庭傳媒股份有限公司城邦分公司
網站	www.businessweekly.com.tw
香港發行所	城邦（香港）出版集團有限公司
	香港灣仔駱克道193號東超商業中心1樓
電話	(852) 2508-6231傳真：(852) 2578-9337
E-mail	hkcite@biznetvigator.com
製版印刷	中原造像股份有限公司
總經銷	聯合發行股份有限公司 電話：(02) 2917-8022
初版1刷	2024年2月
定價	450元

ISBN 978-626-7366-50-9 (平裝)
EISBN (PDF) 9786267366493 ／(EPUB) 9786267366486

國家圖書館出版品預行編目(CIP)資料

客戶中心策略：經營最重要的是盯住客戶、掌握客戶、讓客戶願意一再買單/西口一希作；方瑜譯. -- 初版. -- 臺北市：城邦文化事業股份有限公司商業周刊, 2024.02
304面；14.8×21公分
ISBN 978-626-7366-50-9(平裝)
1.CST: 行銷管理 2.CST: 顧客關係管理
496　　112022414

金商道

The positive thinker sees the invisible, feels the intangible, and achieves the impossible.

惟正向思考者，能察於未見，感於無形，達於人所不能。 —— 佚名